FORSCHUNGSBERICHTE DES LANDES NORDRHEIN-WESTFALEN

Nr. 1486

Herausgegeben

im Auftrage des Ministerpräsidenten Dr. Franz Meyers

von Staatssekretär Professor Dr. h. c. Dr. E. h. Leo Brandt

*Dr. rer. nat. Dietrich Horstmann*

*Max-Planck-Institut für Eisenforschung, Düsseldorf*
*im Auftrage des Gemeinschaftsausschusses Verzinken, Düsseldorf*

Der Einfluß des Blechwerkstoffes und der Verzinkungsbedingungen auf die Eigenschaften verzinkter Bleche und Bänder

Springer Fachmedien Wiesbaden GmbH

ISBN 978-3-663-06037-6     ISBN 978-3-663-06950-8 (eBook)
DOI 10.1007/978-3-663-06950-8
Verlags-Nr. 011486

© 1965 by Springer Fachmedien Wiesbaden
Ursprünglich erschienen bei Westdeutscher Verlag 1965
Reprint of the original edition 1965
Gesamtherstellung: Westdeutscher Verlag ·

# Inhalt

1. Einleitung .................................................... 7

2. Versuchsdurchführung ........................................... 8

3. Die mechanischen Eigenschaften unverzinkter Bleche und ihre Veränderung beim Verzinken ................................................. 13

4. Die Eigenschaften der Zinküberzüge ............................. 23

5. Zusammenfassung ................................................ 32

6. Literaturverzeichnis ........................................... 33

# 1. Einleitung

Die Erschließung neuer Anwendungsgebiete für verzinkte Bleche und Bänder und die oft damit verbundenen erhöhten Ansprüche erfordern es, daß man ihre Eigenschaften den bei der Verarbeitung auftretenden Bedingungen soweit wie möglich anpaßt. Das setzt voraus, daß man weiß, mit welchem Blech und unter welchen Verzinkungsbedingungen bestimmte angestrebte Eigenschaften zu erreichen sind, damit Ausfälle vermieden werden, die sowohl durch ein Versagen des Blechwerkstoffes als auch des Zinküberzuges eintreten können. Daher sind nicht nur die chemische Zusammensetzung des Stahles und das Gefüge des Bleches, sondern auch die Verzinkungsbedingungen bedeutungsvoll; denn sie bewirken auf der einen Seite, daß sich die durch Zusammensetzung und Gefüge vorgegebenen mechanischen Eigenschaften des Bleches durch die beim Feuerverzinken eintretende kurzzeitige künstliche Alterung verändern, und bestimmen auf der anderen Seite den Aufbau des Zinküberzuges und damit seine Eigenschaften und sein Verhalten bei der Verarbeitung. Beide Vorgänge, der Ablauf der künstlichen Alterung und die Bildung des Zinküberzuges, werden sehr stark von der Temperatur und der Tauchdauer beeinflußt. Daher erschien es angebracht, eine Untersuchung über den Einfluß der chemischen Zusammensetzung und des Gefüges von Stahl und Zinküberzug auf die Eigenschaften kalt gewalzter, verzinkter Feinbleche [1] in dieser Richtung zu erweitern und durch Versuche mit warm gewalzten Blechen und kalt gewalzten, nach dem Sendzimir-Verfahren verzinkten Bändern zu ergänzen.

## 2. Versuchsdurchführung

Die Versuche wurden mit 1 mm dicken, kalt und warm gewalzten Blechen und Bändern aus Thomasstahl (T), windgefrischtem Sonderstahl (W), Sauerstoffaufblas-Stahl (Y) und Siemens-Martin-Stahl (M) durchgeführt, um die Ergebnisse der Untersuchungen mit denen der vorangegangenen Arbeit [1] vergleichen und sie als Grundlage benutzen zu können. Die kalt gewalzten Bänder wurden rekristallisierend geglüht, betriebsüblich dressiert und in Bleche von 1×2 m geteilt; die warm gewalzten Bleche wurden normal geglüht. Für die Bandverzinkung wurden von den kalt gewalzten Bändern vor dem Glühen Abschnitte entnommen, die unmittelbar in einer Sendzimir-Anlage geglüht und verzinkt wurden.

Die chemische Zusammensetzung der Bleche und Bänder liegt mit Ausnahme der Bleche 14 und 31 und des Bandes 14a aus einem für diese Versuche eigens erschmolzenen Siemens-Martin-Stahl mit absichtlich erhöhtem Phosphorgehalt in dem für das jeweilige Erschmelzungsverfahren des Stahles üblichen Bereich, wie es die Zusammenstellung in Tab. 1 zeigt, in der auch die für die vorangegangene Untersuchung benutzten Bleche enthalten sind. Der Siemens-Martin-Stahl mit dem erhöhten Phosphorgehalt wurde in der Pfanne mit Ferrophosphor auf den dem Thomasstahl entsprechenden Phosphorgehalt gebracht, um eine Trennung der Wirkung des Phosphors und des im Thomasstahl gleichzeitig in größerer Menge enthaltenen Stickstoffes zu ermöglichen. Das Gefüge der kalt gewalzten und rekristallisierend geglühten Bleche besteht aus mehr oder weniger fein verteiltem Zementit in einer ferritischen Grundmasse, deren Korngröße nur geringe Unterschiede zeigt (Tab. 1). Die Ausbildung des Zementits, die auf das Verhalten des Blechwerkstoffes bei der Verarbeitung verzinkter Bleche von großem Einfluß sein kann, ist dagegen in den einzelnen Blechen sehr unterschiedlich. Diese Ausbildungsformen des Zementits, die von kleinen, kugeligen, gleichmäßig verteilten Teilchen bis zu sehr groben, unregelmäßig geformten Teilchen des entarteten Perlits reichen, sind in sechs Gruppen geteilt in Abb. 1a wiedergegeben.

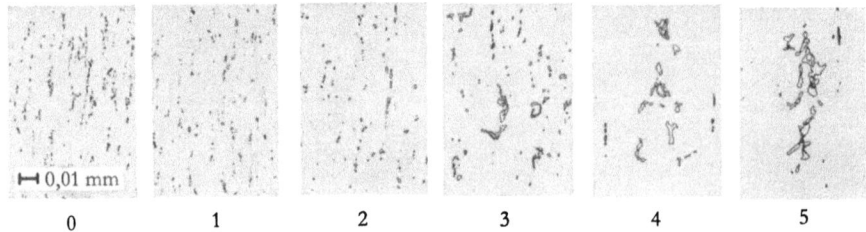

Abb. 1a  Ausbildung des Zementits in den rekristallisierend geglühten, kalt gewalzten Blechen

*Tab. 1 Chemische Zusammensetzung und Gefüge der Bleche*

| Blech-Nr. | Stahlbezeichnung[1] | Chemische Zusammensetzung | | | | | | | Ferritkorngröße[2] | Ausbildung des Zementits[3] |
|---|---|---|---|---|---|---|---|---|---|---|
| | | % C | % Si | % Mn | % P | % S | % N₂ | % Al | | |
| | a) | kalt gewalzte Bleche | | | | | | | | |
| 1 | TU-K | 0,036 | 0,01 | 0,33 | 0,038 | 0,030 | 0,0072 | 0,001 | 10 | 0+1 |
| 2 | | 0,036 | 0,01 | 0,29 | 0,046 | 0,032 | 0,0070 | 0,002 | 9 | 5 |
| 3 | | 0,065 | 0,01 | 0,39 | 0,046 | 0,035 | 0,0053 | 0,001 | 10 | 1 |
| 4 | | 0,077 | 0,01 | 0,41 | 0,054 | 0,037 | 0,0095 | 0,003 | 8 | 3 |
| 5 | WU-K | 0,031 | 0,01 | 0,27 | 0,024 | 0,016 | 0,0082 | 0,001 | 10 | 1+2 |
| 6 | | 0,035 | 0,01 | 0,29 | 0,027 | 0,016 | 0,0060 | 0,001 | 9 | 3 |
| 7 | | 0,038 | 0,01 | 0,31 | 0,025 | 0,022 | 0,0066 | 0,001 | 9 | 1 |
| 8 | | 0,043 | 0,01 | 0,25 | 0,032 | 0,029 | 0,0054 | 0,002 | 9 | 5 |
| 9 | | 0,058 | 0,01 | 0,43 | 0,050 | 0,027 | 0,0076 | 0,002 | 8 | 4 |
| 10 | YU-K | 0,021 | 0,01 | 0,23 | 0,007 | 0,021 | 0,0020 | 0,001 | 8 | 0 |
| 11 | | 0,083 | 0,01 | 0,29 | 0,020 | 0,030 | 0,0016 | 0,002 | 9 | 4 |
| 12 | MU-K | 0,028 | 0,01 | 0,24 | 0,016 | 0,041 | 0,0045 | 0,001 | 9 | 3 |
| 13 | | 0,029 | 0,01 | 0,24 | 0,018 | 0,043 | 0,0034 | 0,001 | 10 | 2 |
| 14 | | 0,029 | 0,01 | 0,36 | 0,070 | 0,031 | 0,0038 | 0,001 | 9 | 3 |
| 15 | | 0,030 | 0,01 | 0,39 | 0,014 | 0,030 | 0,0032 | 0,002 | 9 | 3 |
| 16 | | 0,035 | 0,01 | 0,32 | 0,010 | 0,021 | 0,0023 | 0,001 | 8 | 1 |
| 17 | | 0,035 | 0,01 | 0,23 | 0,010 | 0,018 | 0,0024 | 0,002 | 9 | 3+4 |
| 18 | | 0,037 | 0,01 | 0,23 | 0,018 | 0,025 | 0,0027 | 0,002 | 10 | 0+1 |
| 19 | | 0,039 | 0,01 | 0,26 | 0,016 | 0,037 | 0,0019 | 0,002 | 9 | 3 |
| 20 | YR-K | 0,043 | 0,01 | 0,24 | 0,006 | 0,023 | 0,0061 | 0,090 | 9 | 2 |
| 21 | | 0,074 | 0,07 | 0,43 | 0,014 | 0,014 | 0,0044 | 0,053 | 8 | 0 |
| 22 | MR-K | 0,046 | 0,01 | 0,33 | 0,010 | 0,017 | 0,0053 | 0,039 | 8 | 2 |
| 23 | | 0,050 | 0,01 | 0,27 | 0,016 | 0,022 | 0,0078 | 0,047 | 9 | 0 |
| 24 | | 0,052 | 0,01 | 0,27 | 0,009 | 0,017 | 0,0050 | 0,029 | 9 | 0+1 |
| 25 | | 0,070 | 0,08 | 0,32 | 0,009 | 0,031 | 0,0072 | 0,100 | 10 | 0 |
| 26 | | 0,083 | 0,13 | 0,25 | 0,010 | 0,028 | 0,0049 | 0,009 | 9 | 0 |

*Tab. 1* (Fortsetzung)

| Blech-Nr. | Stahlbezeichnung[1] | Chemische Zusammensetzung | | | | | | | Ferritkorngröße[2] | Ausbildung des Zementits[3] |
|---|---|---|---|---|---|---|---|---|---|---|
| | | % C | % Si | % Mn | % P | % S | % $N_2$ | % Al | | |
| | b) | warm gewalzte Bleche | | | | | | | | |
| 27 | TU-U | 0,023 | 0,01 | 0,28 | 0,062 | 0,039 | 0,0154 | 0,003 | 5 | b |
| 28 | | 0,046 | 0,01 | 0,31 | 0,052 | 0,026 | 0,0098 | 0,001 | 7 | a+b |
| 29 | YU-U | 0,027 | 0,01 | 0,25 | 0,045 | 0,019 | 0,0052 | 0,002 | 7 | a |
| 30 | MU-U | 0,051 | 0,01 | 0,28 | 0,015 | 0,028 | 0,0031 | 0,001 | 6 | a |
| 31 | | 0,066 | 0,01 | 0,36 | 0,072 | 0,034 | 0,0032 | 0,001 | 7 | a |
| 32 | YR-U | 0,071 | 0,04 | 0,42 | 0,015 | 0,015 | 0,0040 | 0,050 | 7 | a+b |
| 33 | | 0,078 | 0,05 | 0,33 | 0,043 | 0,023 | 0,0055 | 0,002 | 8 | a |
| 34 | MR-U | 0,064 | 0,11 | 0,39 | 0,015 | 0,025 | 0,0077 | 0,036 | 9 | a+b |
| 35 | | 0,083 | 0,09 | 0,39 | 0,021 | 0,025 | 0,0054 | 0,037 | 8 | a+b |
| 36 | | 0,097 | 0,14 | 0,45 | 0,028 | 0,037 | 0,0050 | 0,107 | 7 | a |
| | c) | Kaltband nach dem Sendzimir-Verfahren verzinkt | | | | | | | | |
| 3a | TU-K | 0,065 | 0,01 | 0,39 | 0,046 | 0,035 | 0,0053 | 0,001 | 9 | a+b |
| 6a | WU-K | 0,035 | 0,01 | 0,29 | 0,027 | 0,016 | 0,0060 | 0,001 | 8 | a+b |
| 14a | MU-K | 0,029 | 0,01 | 0,36 | 0,070 | 0,031 | 0,0038 | 0,001 | 9 | a+b |
| 15a | | 0,030 | 0,01 | 0,39 | 0,014 | 0,030 | 0,0032 | 0,002 | 9 | a+b |
| 22a | MR-K | 0,046 | 0,01 | 0,33 | 0,010 | 0,017 | 0,0053 | 0,039 | 10 | a |

[1] T = Thomasstahl, W = Windgefrischter Sonderstahl, Y = Sauerstoffaufblasstahl
U = Unberuhigt,   R = Beruhigt,   -K = Kalt gewalzt
-U = Warm gewalzt,   M = Siemens-Martin-Stahl

[2] Nach Stahl-Eisen-Prüfblatt 1510.

[3] Nach Abb. 1a und b.

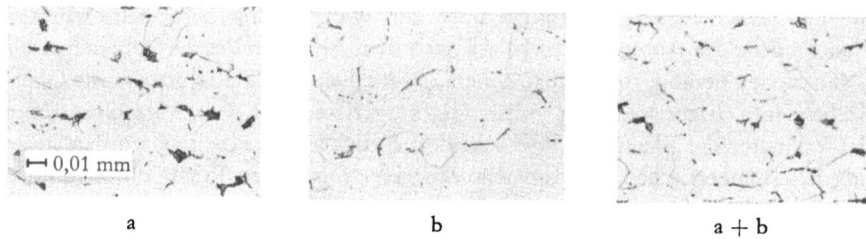

|   a   |   b   |  a + b  |

Abb. 1b  Ausbildung des Zementits in den normal geglühten, warm gewalzten Blechen und den nach dem Sendzimir-Verfahren verzinkten Bändern

Angaben über die in den einzelnen Blechen vorkommenden Formen finden sich ebenfalls in Tab. 1. Das Gefüge der warm gewalzten, normal geglühten Bleche und der in der Sendzimir-Anlage normal geglühten Bänder besteht aus Ferrit und Perlit, Ferrit und Korngrenzenzementit und aus Mischformen dieser beiden Arten (Abb. 1b). Die Ferritkorngröße der warm gewalzten und normal geglühten Bleche ist im Gegensatz zu den nach dem Sendzimir-Verfahren verzinkten Blechen recht unterschiedlich (Tab. 1).

Die Bleche wurden in drei Werken, A, B und C, nach betriebsüblichem Beizen und Fluxen in aluminiumhaltigen Zinkbädern nach dem Trockenverzinkungsverfahren [2] verzinkt. Um die Wirkung von Temperatur und Zeit auf den Blechwerkstoff und die Ausbildung und Eigenschaften des Zinküberzuges bestimmen zu können, wurden in allen drei Werken mehrere Versuchsreihen bei verschiedenen Zinkbadtemperaturen durchgeführt, in denen die Tauchdauer verändert wurde. Die Temperatur des Zinkbades lag bei diesen Versuchsreihen im Werk A bei 422, 430, 439 und 450°C, im Werk B bei 423, 440 und 453°C und im Werk C bei 440, 445, 450 und 458°C. Die Tauchdauer betrug bei jeder dieser Temperaturen 14, 20 und 40 oder 35 sec. Im Werk A enthielt das Zinkbad 0,07, im Werk B 0,08 und im Werk C 0,12% Al. Die Gehalte an den übrigen Begleitelementen lagen in dem für die Blechverzinkung üblichen Rahmen. Die Ausziehgeschwindigkeit der Bleche aus dem Zinkbad lag zwischen 7 und 8 m/min. Die ungeglühten, kalt gewalzten Bandabschnitte wurden im Werk D in einer Armco-Sendzimir-Anlage in zunächst oxydierender, dann in reduzierender Atmosphäre normal geglüht und verzinkt [2]. Die Einlauftemperatur des Bandes in das Zinkbad lag etwa 10–20°C über der Zinkbadtemperatur; die Zinkbadtemperatur betrug 450°C und die Tauchdauer 6 sec. Das Zinkbad enthielt 0,15% Al.

Zur Ermittlung der mechanischen Eigenschaften des Blechwerkstoffes wurden von den verzinkten und unverzinkten Blechen und Bändern Zugproben längs und quer zur Walzrichtung aus der Mitte entnommen, an denen Streckgrenze, Zugfestigkeit und Bruchdehnung gemessen wurden. Die an den verzinkten Proben gemessenen Werte wurden jeweils auf den Querschnitt des Bleches ohne Zinküberzug bezogen, der dadurch ermittelt wurde, daß der Zinküberzug von einem Einspannende vor dem Versuch abgebeizt wurde. An quer zur Walzrichtung über die gesamte Blechbreite entnommenen Streifen wurde die Tiefung nach ERICHSEN bestimmt. Das Verhalten der Bleche beim Falzen wurde an Falzproben untersucht, die mit verschiedenen Maschinen quer zur Walzrichtung hergestellt wurden. Dabei wurde das Aussehen des Falzes nach dem Abbeizen des Zinküberzuges als Kennzeichen herangezogen, je nachdem ob der Falz eine glatte oder rauhe Oberfläche zeigte, angerissen oder vollständig aufgerissen war. Um Aufschlüsse über das Verhalten der Bleche bei einer Ziehbeanspruchung zu erhalten, wurden außer den Erichsenversuchen Ziehversuche mit einer Dreistufen-Presse durchgeführt. Dabei wurde das Aussehen der gezogenen Töpfe ähnlich wie das der Falzproben als Beurteilungsmaßstab herangezogen, je nachdem ob die Töpfe einen glatten Rand hatten, am Rand eine Zipfelbildung oder Risse zeigten oder Teile des Topfes ausgebrochen waren.

Die Zinkauflage wurde durch Abbeizen mit verdünnter Salzsäure 1:1, der etwas Antimon-3-Chlorid als Sparbeizzusatz beigegeben war, aus dem Gewichtsunterschied von Proben vor und nach dem Abbeizen bestimmt. Diese Proben wurden über die gesamte Blechbreite entnommen. An Schliffen wurde der Aufbau des Zinküberzuges untersucht. Zur Sichtbarmachung des Gefüges wurden die Schliffe in einer Lösung von vier bis fünf Tropfen konzentrierter Salpetersäure in 50 ml Amylalkohol [3] geätzt. Das Verhalten des Zinküberzuges bei einer mechanischen Beanspruchung wurde an Erichsenversuchen ermittelt. Dabei wurde das Verhältnis der Tiefe, bei der der Zinküberzug einreißt, zu der Tiefe, bei der das Blech reißt, gebildet, das ein sehr gutes Abbild für das Verhalten des Zinküberzuges bei anderen umformenden Beanspruchungen gibt. Außerdem wurde das Aussehen der Falz- und Ziehproben als Beurteilung für die Eigenschaften des Zinküberzuges herangezogen und festgestellt, ob der Zinküberzug nach der Umformung glatt oder rauh war, leichte oder starke Risse zeigte oder sogar abblätterte.

## 3. Die mechanischen Eigenschaften unverzinkter Bleche und ihre Veränderung beim Verzinken

Wenn man die Eigenschaften verzinkter Bleche beurteilen will, ist es unbedingt erforderlich, die des Blechwerkstoffes von denen des Zinküberzuges zu trennen. Die mechanischen Eigenschaften des Bleches, die hier zunächst besprochen werden sollen, hängen von der Art der Herstellung, der chemischen Zusammensetzung und dem Gefüge ab. Sie verändern sich durch Alterungsvorgänge, deren Ablauf von der Temperatur und der Zeit bestimmt wird. Für die mechanischen Eigenschaften eines verzinkten Bleches sind daher die Eigenschaften des unverzinkten Bleches und die Veränderungen durch die beim Verzinken eintretende künstliche Alterung maßgebend. Diese Verhältnisse werden durch die schematische Darstellung der Abb. 2 veranschaulicht, in der die Veränderung der Härte als Beispiel einer mechanischen Eigenschaft im Laufe der Zeit bei verschiedenen Temperaturen dargestellt ist. Dabei sollen die Temperatur T der Raumtemperatur und die Temperaturen $T_1$ und $T_2$ zwei Verzinkungstemperaturen entsprechen. Man sieht, daß die Härte bei Raumtemperatur T zunächst langsam, dann schneller und dann wieder langsamer zunimmt und schließlich einen Endwert erreicht. Bei

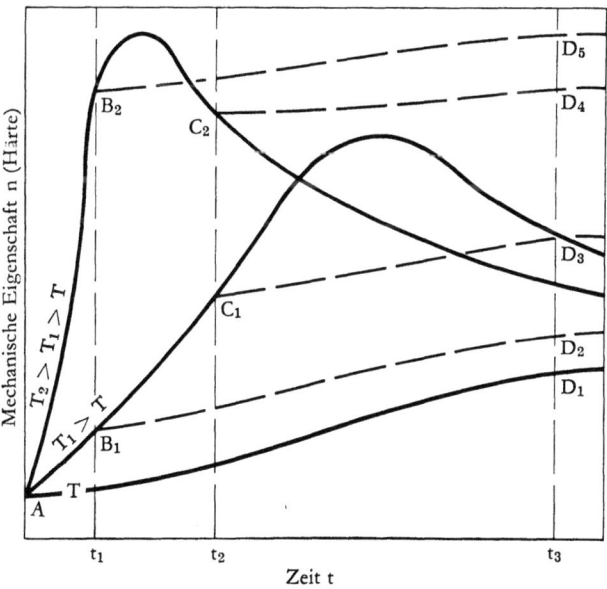

Abb. 2 Schematische Darstellung der Veränderung der mechanischen Eigenschaften durch Alterung bei verschiedenen Temperaturen

höheren Temperaturen (die ausgezogenen Kurven für $T_1$ und $T_2$) steigt die Härte schneller an und erreicht nach einer bestimmten Zeit, die mit zunehmender Temperatur kürzer wird, einen Höchstwert. Nach dessen Überschreiten nimmt sie wieder ab, und zwar ebenfalls um so schneller und stärker, je höher die Temperatur ist, was dazu führt, daß sich die Härte-Zeit-Kurven überschneiden. Wird die Behandlung bei der höheren Temperatur aber, wie es beim Verzinken der Fall ist, nach einer bestimmten Zeit $t_1$ oder $t_2$ abgebrochen, so erreicht die Härte den dieser Zeit entsprechenden Wert, der je nach der Zeit vor dem Höchstwert, wie z. B. $B_1$, $B_2$ und $C_1$, oder hinter dem Höchstwert, z. B. $C_2$, liegen kann. Wenn die künstliche Alterung beim Verzinken noch nicht abgeschlossen ist ($B_1$, $B_2$ und $C_1$), steigt die Härte bei einer anschließenden Auslagerung bei Raumtemperatur weiter etwas an, wie es die gestrichelten Linien $B_1$–$D_2$, $B_2$–$D_5$ und $C_1$–$D_3$ zeigen, und zwar um so weniger, je näher der betreffende Punkt dem Höchstwert rückt. Dazu trägt auch die Ausscheidung weiterer bei den höheren Temperaturen in Lösung gebliebener Fremdatome bei, die auch dann noch einen, wenn auch nur sehr geringen Härteanstieg bedingen, wenn bei den höheren Temperaturen der Höchstwert der Härte bereits überschritten ist (Kurve $C_2$–$D_4$). Zwischen dem natürlich gealterten, unbehandelten und dem kurzzeitig wärmebehandelten, künstlich gealterten und durch anschließende Auslagerung natürlich nachgealterten Zustand bleibt daher ein gewisser Unterschied, der durch die Abstände $D_1$–$D_2$, $D_1$–$D_3$, $D_1$–$D_4$ und $D_1$–$D_5$ gegeben ist, und der neben dem Ausgangszustand A beim Einsatz von Blechen zum Verzinken stets berücksichtigt werden muß, da er das Verhalten der verzinkten Bleche bei der Verarbeitung entscheidend mit beeinflußt.

Bei Versuchen unter mehreren gleichgehaltenen Betriebsverhältnissen, wie bei der vorliegenden Untersuchung, fallen gleichzeitig sehr viele Proben an, die nicht alle in der erforderlich kurzen Zeit untersucht werden können. Daher lassen sich die in Abb. 2 dargestellten Verhältnisse unter diesen Bedingungen nicht für mehrere Blech- und Bandgüten in allen ihren Einzelheiten zur gleichen Zeit aufklären, und man muß sich darauf beschränken, diese Verhältnisse nach einer längeren Auslagerung zu klären und kann nur bei einigen wenigen Blechen die Wirkung dieser Auslagerung auf die mechanischen Eigenschaften verfolgen. Daher sollen hier zunächst die Verhältnisse besprochen werden, wie sie sich nach einer Auslagerung von etwa einem halben bis dreiviertel Jahr einstellen, wenn nach den Untersuchungen von P. WERTHEBACH [4] die natürliche Alterung weitgehend abgeschlossen ist und der verschieden schnelle Ablauf der Alterung sich weitgehend ausgeglichen hat. Dies entspricht etwa einem Schnitt durch die Abb. 2 zu einer Zeit $t_3$. Zum Schluß dieses Abschnitts soll dann an Hand einiger Beispiele auf die Wirkung der natürlichen Alterung bei unverzinkten und verzinkten Blechen und Bändern kurz eingegangen werden.

In Abb. 3 ist die Auswirkung der chemischen Zusammensetzung auf die mechanischen Eigenschaften der unverzinkten Bleche nach einer Auslagerung von etwa einem halben Jahr dargestellt. Man sieht, daß sich der Kohlenstoffgehalt sehr stark auf die Streckgrenze, Zugfestigkeit und Tiefung nach Erichsen auswirkt, während die Bruchdehnung vor allem vom Phosphorgehalt beeinflußt wird.

Betrachtet man zunächst nur die Streckgrenzen und Zugfestigkeiten, so ergibt sich das bekannte Bild, daß diese beiden Werte mit zunehmendem Kohlenstoffgehalt ansteigen. Für die kalt gewalzten, rekristallisierend geglühten Bleche ergibt sich bei dieser Art der Darstellung eine Trennung zwischen den Blechen aus unberuhigtem und aus beruhigtem Stahl. Die angegebenen Streubereiche gelten für

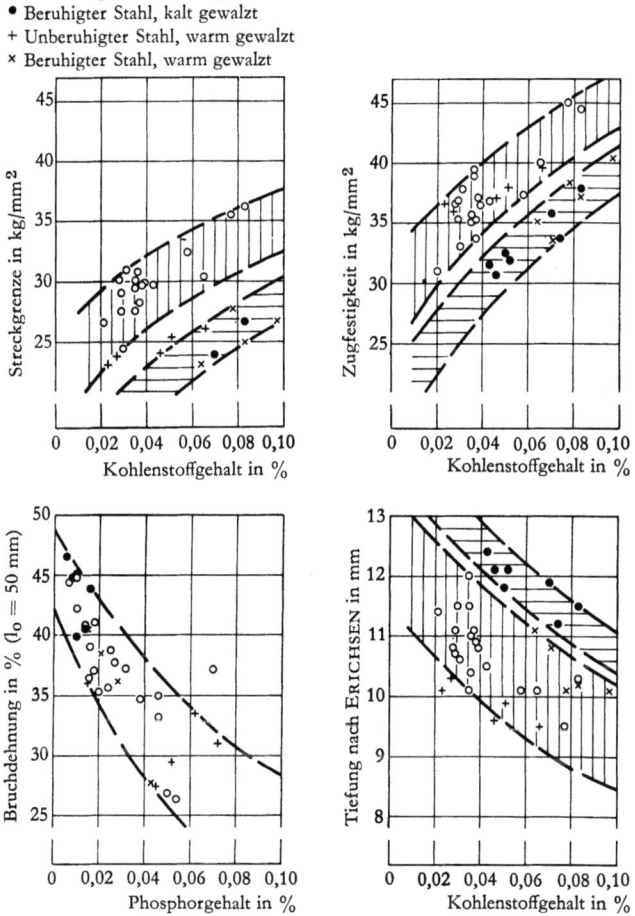

Abb. 3   Einfluß des Kohlenstoff- und Phosphorgehaltes auf die mechanischen Eigenschaften der etwa ein halbes Jahr natürlich gealterten unverzinkten Bleche

alle Stähle unterschiedlicher Erschmelzungsart. Dabei liegen die Werte für Bleche mit höheren Gehalten an den übrigen Begleitelementen, hauptsächlich Stickstoff, am oberen Rand, die mit niedrigen Gehalten am unteren Rand. Die Unterschiede zwischen den Blechen aus unberuhigtem und beruhigtem Stahl beruhten zum Teil darauf, daß die Alterung bei den Blechen aus unberuhigtem Stahl stärker ist, so daß Streckgrenze und Zugfestigkeit stärker mit der Zeit ansteigen. Zum Teil dürften sie aber auch auf Blockseigerungen bei den unberuhigten Stählen zurückzuführen sein, die sich dahingehend auswirken, daß der wesentlich höhere Kohlenstoffgehalt im Kern dieser Bleche Streckgrenze und Zugfestigkeit deutlich erhöht [4]. Für die Streckgrenzen und Zugfestigkeiten der warm gewalzten und normal geglühten Bleche gelten ähnliche Gesetzmäßigkeiten, doch steigen die Werte für die Bleche aus unberuhigtem Stahl hier nicht so stark mit dem Kohlenstoffgehalt an, so daß die Streckgrenzen dieser Bleche nur bei sehr niedrigen Kohlenstoffgehalten in den für die kalt gewalzten Bleche aus unberuhigtem Stahl gefundenen Streubereich fallen, bei höheren Kohlenstoffgehalten dagegen in dem der Bleche aus beruhigtem Stahl liegen. Man darf vermuten, daß diese Unterschiede zwischen den warm und kalt gewalzten Blechen auf den Einfluß des Dressierens beim Kaltwalzen zurückzuführen ist, das zu einer, wenn auch nur geringen Kaltverfestigung führt, die, verbunden mit der etwas stärkeren Alterungsneigung, Streckgrenze und Zugfestigkeit in die Höhe treibt.

Auf die Bruchdehnung wirkt sich der Kohlenstoffgehalt weniger aus. Diese nimmt zwar im ganzen gesehen mit der Zugfestigkeit, d. h. also auch mit steigendem Kohlenstoffgehalt, ab, doch überwiegt hier die Wirkung von Elementen, die im Ferrit als Substitionsmischkristall gelöst sind. So wird die Bruchdehnung vor allem durch Phosphor stark herabgesetzt. Trägt man die Bruchdehnung in Abhängigkeit vom Phosphorgehalt auf, so liegen alle Werte mit einer Ausnahme des kalt gewalzten Bleches 14 aus dem Siemens-Martin-Stahl mit erhöhtem Phosphorgehalt in einem gemeinsamen Streubereich (Abb. 3).

Die Tiefung nach ERICHSEN wird sowohl von der Festigkeit als auch vom Dehnungsvermögen des Bleches bestimmt, da die Dicke bei allen Blechen praktisch gleich ist. Sie nimmt mit steigender Festigkeit, also mit ansteigendem Kohlenstoffgehalt ab. Sie liegt bei Blechen aus unberuhigtem Stahl deutlich niedriger als bei Blechen aus beruhigtem Stahl, wie es die für die kalt gewalzten Bleche in Abb. 3 eingezeichneten Streubereiche zeigen. Die Werte für warm gewalzte Bleche liegen im allgemeinen noch etwas niedriger, was auf ihre rauhere Oberfläche zurückzuführen ist, die ein Nachfließen beim Erichsenversuch hemmt und eine leichtere Anrißbildung ermöglicht.

Diese Ergebnisse zeigen, daß bei jeweils annähernd gleichen Walz- und Glühbedingungen Streckgrenze, Zugfestigkeit, Bruchdehnung und die Tiefung nach ERICHSEN im wesentlichen durch die chemische Zusammensetzung der Bleche festgelegt werden. Der Einfluß des Gefüges, also der Korngröße des Ferrits und der Ausbildungsform des Zementits oder Perlits, tritt demgegenüber bei diesen unverzinkten und bei Raumtemperatur natürlich gealterten Blechen zurück. Durch die künstliche Alterung beim Verzinken werden Streckgrenze und Zugfestigkeit erhöht und die Bruchdehnung erniedrigt, wie es die Abb. 4a und b zeigen. Hier sind die ebenfalls nach einem halben bis dreiviertel Jahr gemessenen mechanischen Eigenschaften der verzinkten Bleche in Abhängigkeit von der Tauchdauer für zwei Zinkbadtemperaturen aufgetragen. Zum Vergleich sind jeweils die entsprechenden Werte für die unverzinkten Bleche als Ausgangswerte bei der Zeit 0 mit eingezeichnet. Man sieht, daß der Verlauf von Streckgrenze, Zugfestigkeit und Bruchdehnung mit der Tauchdauer bei den einzelnen Blechen sehr unterschiedlich ist. Bei den Blechen aus unberuhigtem Stahl durchlaufen diese Eigenschafts–Zeit-Kurven Höchstwerte für Streckgrenze und Zugfestigkeit und entsprechende Tiefstwerte für die Bruchdehnung, ähnlich, wie es in Abb. 2 für den Alterungsablauf skizziert ist. Bei den Blechen aus beruhigtem Stahl treten

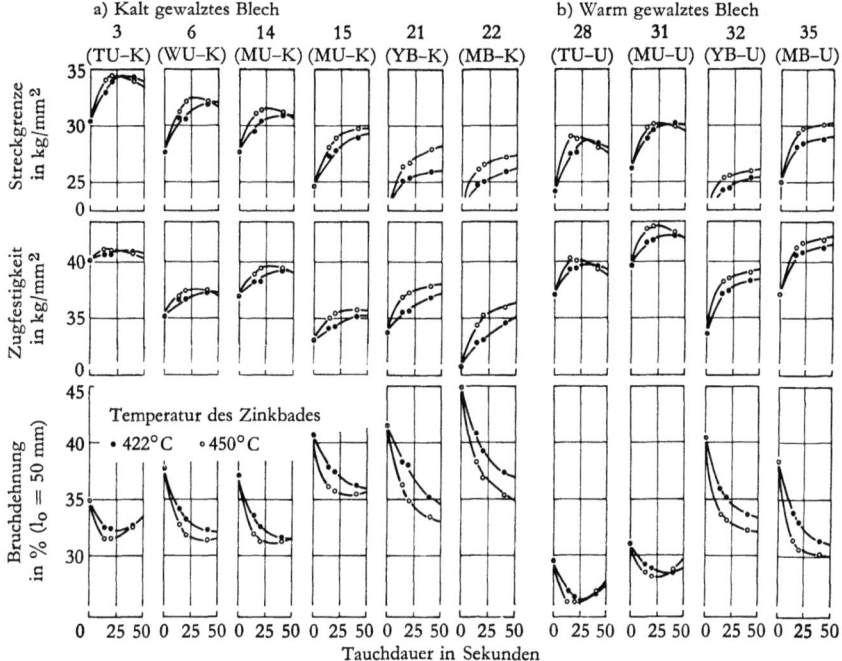

Abb. 4a und b  Einfluß der Tauchdauer auf Streckgrenze, Zugfestigkeit und Bruchdehnung bei verschiedenen Temperaturen
a) kalt gewalzte Bleche    b) warm gewalzte Bleche

diese Höchst- bzw. Tiefstwerte im Versuchszeitraum noch nicht auf; aus dem Kurvenverlauf läßt sich aber entnehmen, daß sie hier auch nach längeren Versuchszeiten zu erwarten sind. Die Höchst- bzw. Tiefstwerte werden um so schneller erreicht, je höher die Temperatur des Zinkbades ist. Die Zusammensetzung des Stahles wirkt sich dahingehend aus, daß diese Werte bei Stählen mit höheren Gehalten an im Ferrit gelöstem Stickstoff am schnellsten erreicht werden. So liegt der Höchstwert bei den Blechen aus unberuhigtem Thomasstahl (Bleche 3 und 28) je nach der Temperatur zwischen etwa 15 und 25 sec, bei den Blechen aus unberuhigtem Siemens-Martin-Stahl (Blech 15) zwischen 40 und 50 sec und bei den Blechen aus beruhigten Stählen, bei denen der Stickstoff an Aluminium gebunden ist, bei noch längeren Versuchszeiten, die hier nicht mehr erfaßt werden (Bleche 21, 22, 32 und 35). Ein höherer Phosphorgehalt verschiebt den Höchstwert ebenfalls zu kürzeren Zeiten, wie es der Vergleich der Kurven für die Bleche 14 und 31 mit denen des Bleches 15 zeigt. Für den Ablauf der künstlichen Alterung gelten also die gleichen Gesetzmäßigkeiten wie für die natürliche Alterung bei Raumtemperatur, nur daß sie mit wesentlich höherer Geschwindigkeit erfolgt.

Für die Beurteilung von Blechen, die für Verzinkungszwecke eingesetzt werden sollen, ist der nach dem Verzinken verbleibende Unterschied der mechanischen Eigenschaften, also wenn man wieder auf die Abb. 2 zurückkommt, der Unterschied zwischen $D_1$ und $D_2$ bzw. $D_3$, $D_4$ und $D_5$ wichtiger als die Geschwindigkeit des Ablaufs der künstlichen Alterung. Dieser Unterschied der mechanischen Eigenschaften zwischen dem unverzinkten und verzinkten Zustand hängt sehr stark vom Gefüge des Bleches ab. Dieser bereits in der vorangegangenen Veröffentlichung [1] ausgesprochene Befund wird also durch diese neuen Untersuchungen bestätigt. Es ergibt sich auch hier, wie es die Abb. 5 zeigt, daß Streck-

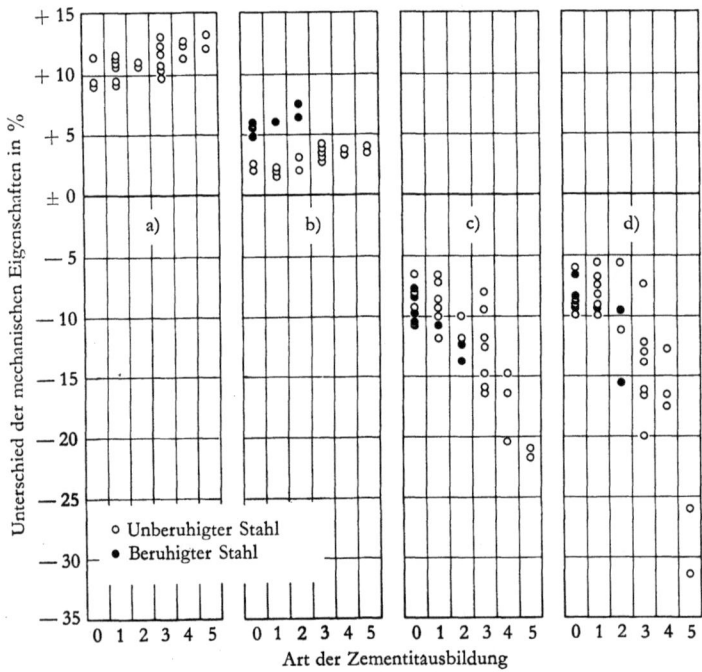

Abb. 5  Einfluß der Zementitausbildung in kalt gewalzten Blechen auf den Unterschied a) der Streckgrenze, b) der Zugfestigkeit, c) der Bruchdehnung und d) der Tiefung nach ERICHSEN zwischen dem unverzinkten und verzinkten Zustand

grenze und Zugfestigkeit von kalt gewalzten Blechen durch das Verzinken um so stärker ansteigen und die Bruchdehnung und Tiefung nach ERICHSEN um so mehr abnehmen, je gröber der Zementit in den Blechen ausgeschieden ist. Es ergibt sich weiterhin, daß sich die Streckgrenze und die Zugfestigkeit bei den kalt gewalzten Blechen aus beruhigtem Stahl stärker ändert als die der kalt gewalzten Bleche aus unberuhigtem Stahl. Man kann annehmen, daß diese Verschiedenheit zwischen den Blechen aus unberuhigtem und beruhigtem Stahl darauf zurückzuführen ist, daß die unverzinkten Bleche aus unberuhigtem Stahl stärker altern, so daß hier der Unterschied zwischen unverzinktem und verzinktem Zustand geringer wird. Bruchdehnung und die Tiefung nach ERICHSEN nehmen durch das Verzinken für Bleche aus beruhigtem und unberuhigtem Stahl in etwa gleichem Umfang ab. Eine Unterteilung wie bei der Streckgrenze und Zugfestigkeit ist hier nicht zu beobachten.

Für die warm gewalzten Bleche und die nach dem Sendzimir-Verfahren verzinkten Bänder läßt sich keine ähnliche Reihe aufstellen, da hier die Formen des Zementits, also Perlit, Korngrenzenzementit und Mischformen zwischen beiden, zu verschieden sind. Aus den Versuchen läßt sich jedoch entnehmen, daß die durch das Verzinken hervorgerufenen Veränderungen um so größer sind, wenn die Korn-

| | Glatt | Rauh | Angerissen | Aufgerissen |
|---|---|---|---|---|
| 0 | 30,3% | 67,7% | 2,0% | – |
| 1 | 12,0% | 81,4% | 6,6% | – |
| 2 | 2,4% | 78,6% | 17,8% | 1,2% |
| 3 | – | 55,3% | 29,8% | 14,9% |
| 4 | – | 40,1% | 26,6% | 33,3% |
| 5 | – | 11,0% | 44,5% | 44,5% |

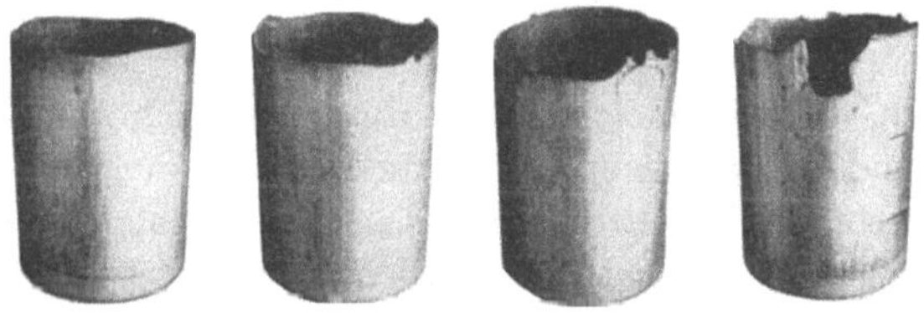

Art der Zementitausbildung

| | Glatter Rand | Zipfel | Risse | Ausbrüche |
|---|---|---|---|---|
| 0 | 63,6% | 36,4% | – | – |
| 1 | 56,9% | 43,1% | – | – |
| 2 | 33,3% | 50,0% | 16,7% | – |
| 3 | – | 57,2% | 42,3% | – |
| 4 | – | 20,3% | 58,4% | 21,3% |
| 5 | – | – | 48,3% | 51,7% |

Abb. 6 Einfluß der Zementitausbildung in kalt gewalzten Blechen auf ihr Verhalten beim Falzen mit Maschinen und beim Tiefziehen

größe des Ferrits zunimmt und ein wesentlicher Anteil des Zementits als Korngrenzenzementit vorliegt. Im ganzen gesehen verändern sich die mechanischen Eigenschaften der warm gewalzten Bleche etwa um den gleichen Betrag wie die der kalt gewalzten. Nur die Tiefung nach ERICHSEN fällt bei den warm gewalzten

Blechen weniger ab. Dies dürfte auf eine Schmierwirkung des Zinküberzuges zurückzuführen sein, die das schlechtere Gleiten bei den unverzinkten Blechen aufhebt, so daß dadurch die Unterschiede geringer werden.

Ein Vergleich der mechanischen Eigenschaften der nach dem Sendzimir-Verfahren verzinkten Bänder mit den aus dem gleichen Stahl hergestellten Blechen zeigt, daß Streckgrenze und Zugfestigkeit deutlich höher und Bruchdehnung und Tiefung nach ERICHSEN deutlich tiefer liegen. Dieser Unterschied dürfte auf die verschiedenen Glühverfahren, d. h. kurzes Normalglühen mit nachfolgender schnellerer Abkühlung beim Sendzimir-Verfahren und langes Weichglühen mit sehr langsamer Abkühlung bei den kalt gewalzten Blechen, begründet sein.

Bei der Verarbeitung verzinkter Bleche und Bänder kann sich diese Veränderung der mechanischen Eigenschaften des Blechwerkstoffes, der im wesentlichen auf einer Veränderung der Eigenschaften der ferritischen Grundmasse beruht, störend bemerkbar machen und dazu führen, daß die Bleche beim Falzen und Tiefziehen einreißen. In Abb. 6 ist eine Zusammenstellung wiedergegeben, die zeigt, wie stark sich die Ausbildung des Zementits in kalt gewalzten und verzinkten Blechen beim Falzen mit Falzmaschinen und Tiefziehen auf einer Drei-Stufen-Presse bemerkbar macht. Verfolgt man die einzelnen Prozentzahlen, so sieht man, daß Bleche mit sehr fein verteiltem Zementit die an sich sehr starke Beanspruchung aushalten und daß das Verhalten der Bleche um so schlechter wird, je gröber der Zementit in ihnen ausgeschieden ist. Die hier für kalt gewalzte verzinkte Bleche wiedergegebene Abhängigkeit gilt auch für warm gewalzte Bleche und für nach dem Sendzimir-Verfahren verzinkte Bänder. Die Gefahr eines Zubruchgehens des Blechwerkstoffes ist auch hier um so größer, wenn sich die mechanischen Eigenschaften beim Verzinken stärker verändern. Hier muß allerdings darauf hingewiesen werden, daß Ausfälle dieser Art häufig auch durch ein unzweckmäßig gebautes Falz- und Ziehwerkzeug verursacht werden können, so daß der Grund des Versagens nicht von vornherein im Gefüge des Bleches zu suchen ist.

Während bis jetzt die Eigenschaften der Bleche betrachtet wurden, wie sie sich nach einer längeren Auslagerung bei Raumtemperatur einstellen, soll zum Schluß dieses Abschnittes noch kurz auf den Ablauf der natürlichen Alterung unverzinkter und verzinkter Bleche eingegangen werden, also auf den Verlauf der Kurven $A-D_1$, $B_1-D_2$ usw. nach Abb. 2. Da die natürliche Alterung bei Blechen aus aluminiumberuhigten Stählen nur gering ist und sich nur unwesentlich auf die mechanischen Eigenschaften auswirkt, wurde der Verlauf dieser Eigenschaft–Zeit-Kurven nur bei einigen Blechen aus unberuhigtem Stahl bestimmt. In den Abb. 7a bis c sind die nach verschiedenen Zeiten gemessenen Streckgrenzen, Zugfestigkeiten und Bruchdehnungen in Abhängigkeit von der Auslagerungszeit aufgetragen, und zwar in Abb. 7a für unverzinkte Bleche, in Abb. 7b für verzinkte Bleche (20 sec bei 430° C) und in Abb. 7 für nach dem Sendzimir-Verfahren verzinkte Bänder (6 sec bei 450° C). Es handelt sich dabei um Bleche aus Thomasstahl (3), aus Siemens-Martin-Stahl (15) und aus dem Siemens-Martin-Stahl mit absichtlich erhöhtem Phosphorgehalt (14). Der Zeitmaßstab ist in diesen Bildern logarithmisch gewählt, um sehr kurze und sehr lange Zeiten in einem Bild darstellen zu können. Man sieht aber, daß Streckgrenze und Zugfestigkeit in erster

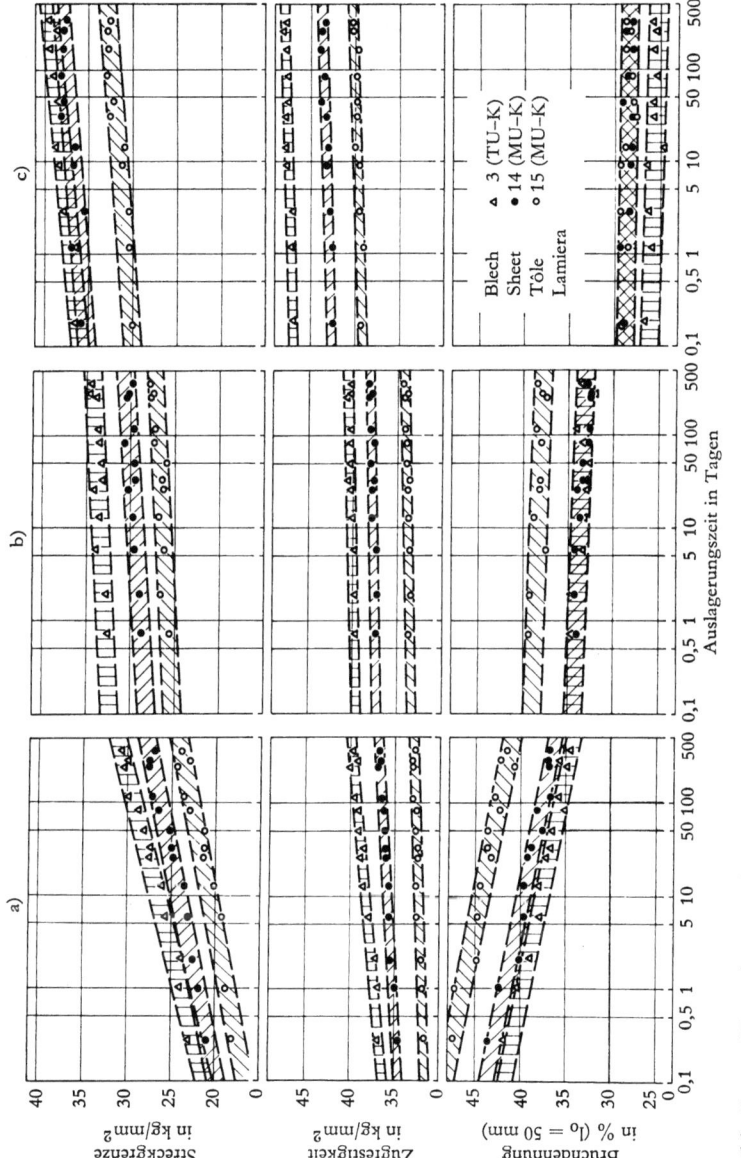

Abb. 7a–c  Veränderung der mechanischen Eigenschaften durch Auslagerung bei Raumtemperatur
a) unverzinkte Bleche
b) verzinkte Bleche
c) nach dem Sendzimir-Verfahren verzinkte Bänder

Näherung bis zu Versuchszeiten von etwa einem Jahr logarithmisch mit der Zeit ansteigen und die Bruchdehnung in gleicher Weise abnimmt. Ähnliche Befunde für die zeitliche Änderung der mechanischen Eigenschaften kalt gewalzter Bleche sind bereits von F. LISTHUBER [5] und S. TESIMA, M. SHIMIZU und M. IDE [6] festgestellt worden. Sie gestatten es, die Größe dieser Änderungen für verschiedene Auslagerungszeiten abzuschätzen.

Betrachtet man die Bilder näher, so sieht man, daß der Anstieg von Streckgrenze und Zugfestigkeit und die Abnahme der Bruchdehnung bei den unverzinkten Blechen am stärksten ist, da bei den verzinkten Blechen der größte Teil der Alterung schon beim Verzinken eingetreten ist. Es ergibt sich weiter, daß sich die Eigenschaften bei dem Blech aus Thomasstahl am meisten und bei dem aus dem sauberen Siemens-Martin-Stahl am wenigsten verändern. Der Einfluß des Stickstoffgehaltes und daneben auch der des Phosphorgehaltes wird also in diesen Bildern besonders gut sichtbar. Der Einfluß des Gefüges der Bleche auf die beim Verzinken eintretende künstliche Alterung, die dazu führt, daß sich die mechanischen Eigenschaften bei den einzelnen Blechen verschieden stark verändern, bedingt, daß die Streubereiche der Eigenschaften verschiedener Bleche im verzinkten Zustand zusammenfallen. Das gilt vor allem für die Bruchdehnung, auf die sich die künstliche Alterung am stärksten auswirkt. Ein Vergleich der Bilder untereinander zeigt die durch das Verzinken eingetretene Erhöhung der Streckgrenze und Zugfestigkeit und die Abnahme besonders deutlich. Das gilt vor allem für die nach dem Sendzimir-Verfahren verzinkten Bänder.

## 4. Die Eigenschaften der Zinküberzüge

In aluminiumhaltigen Zinkbädern kann die Bildung von Legierungsschichten durch das Aluminium für eine bestimmte Zeit unterdrückt werden. Das wirkt sich dahingehend aus, daß sich je nach den vorliegenden Verhältnissen sehr unterschiedlich aufgebaute Zinküberzüge bilden, deren Dicke und Eigenschaften sehr verschieden sind. Von entscheidendem Einfluß auf diese Hemmwirkung des Aluminiums und die Entstehungsbedingungen der sich bildenden verschiedenen Zwischenschichten sind neben dem Aluminiumgehalt des Zinkbades die Temperatur und die Tauchdauer [7-14]. Daneben können sich aber auch die chemische Zusammensetzung und der Oberflächenzustand des Stahles auf diese Vorgänge auswirken. Bei reinem Eisen mit sauberer Oberfläche bildet sich bei genügend hohen Aluminiumgehalten zunächst eine festhaftende dünne Schicht einer Eisen-

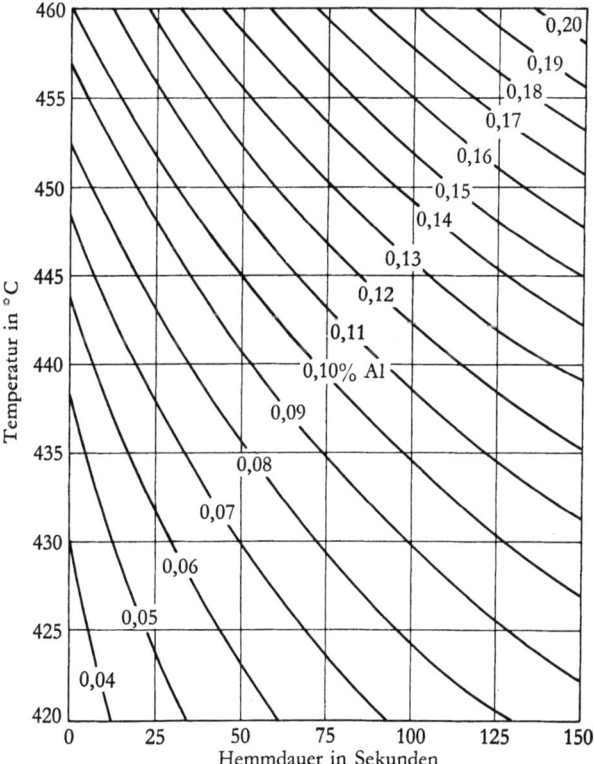

Abb. 8 Dauer der Hemmwirkung von Aluminium auf die Bildung von Legierungsschichten bei verschiedenen Temperaturen

Aluminium-Verbindung, meistens $Fe_2Al_5$, die die Reaktion des Zinks mit dem Eisen verhindert. Nach einer bestimmten Zeit wandelt sich diese Schicht unter Bildung von zunächst ternären Eisen–Aluminium–Zink-Verbindungen in eine Eisen–Zink-Legierungsschicht um. Für den Verzinker ist es daher wichtig zu wissen, welche Art der Legierungsschicht sich bei seinen vorgegebenen Verhältnissen ausbildet und wie er den Ablauf des Verzinkens ändern muß, um bestimmte Legierungsschichten zu erhalten.

Aus den an Weicheisen mit sauberer Oberfläche durchgeführten Laborversuchen [12] können Kurven abgeleitet werden, die für den jeweiligen Aluminiumgehalt die Hemmdauer, d.h. die Zeit, in der die Bildung dickerer Eisen–Zink-Legierungsschichten unterdrückt wird, für verschiedene Temperaturen angeben (Abb. 8). Man sieht, daß die Hemmdauer um so länger ist, je höher der Aluminiumgehalt des Zinkbades ist, und daß sie mit steigender Temperatur kürzer wird, so daß von einer bestimmten Temperatur an, bei gegebenem Aluminiumgehalt keine Hemmwirkung mehr auftritt, sich also sofort Eisen–Zink-Legierungsschichten ausbilden. Daß bedeutet, daß man die Art der Legierungsschicht sowohl durch den Aluminiumgehalt als auch durch eine Temperaturerhöhung oder -erniedrigung und durch die Tauchzeit wahlweise beeinflussen kann. Ist zum Verzinken eines bestimmten Stückes z.B. eine Tauchdauer von 25 sec erforderlich, und will man einen Überzug mit dünner Legierungsschicht erzeugen, so ist das bei einem Aluminiumgehalt von 0,10% noch bis zu Temperaturen von etwa 450° C möglich, enthält das Zinkbad aber nur 0,06% Al, so darf die Temperatur 430° C nicht überschreiten. Will man umgekehrt mit dieser Tauchzeit schon dickere Legierungsschichten erhalten, so genügt bei 0,06% Al im Zinkbad schon eine Temperatursteigerung auf über 435° C, bei 0,10% Al muß man dagegen bei Temperaturen über 455° C verzinken. Kann außerdem auch noch die Tauchdauer in einem bestimmten Bereich frei gewählt werden, so ergeben sich weitere Möglichkeiten, die aus dem Verlauf dieser Kurven abgelesen werden können.

Ähnliche Verhältnisse gelten auch beim Verzinken von Blechen, doch beobachtet man hier nur bei höheren Aluminiumgehalten, etwa von 0,15% Al an, eine sehr dünne $Fe_2Al_5$-Schicht, die die Bildung von Eisen–Zink-Legierungsschichten hemmt. Bei niedrigeren Aluminiumgehalten führen die am Blech haftenden Eisensalze dazu, daß sich an Stelle dieser $Fe_2Al_5$-Deckschicht eine krustenartige, aber mit dem Blech fest verwachsene Schicht einer ternären Eisen–Aluminium–Zink-Verbindung (B[1] nach D. C. CAMERON und M. K. ORMAY [14]) bildet, die aber ebenfalls die Reaktion zwischen Zinkschmelze und Blech für eine gewisse Zeit unterdrückt (Abb. 9a, Ausbildungsform 1). Nach dem Zusammenbrechen der Hemmwirkung bilden sich dann zunächst örtlich (Abb. 9a, Ausbildungsform 2) und dann auf der ganzen Blechoberfläche (Abb. 9a, Ausbildungsform 3) dickere Eisen–Zink-Legierungsschichten. Bei nach dem Sendzimir-Verfahren verzinkten Bändern beobachtet man ähnliche Ausbildungsformen der Legierungsschicht (Abb. 9b), wobei sich die Form 1, die am häufigsten auftritt, von der entsprechenden der Bleche allerdings dadurch unterscheidet, daß sie nur aus einzelnen Kristallen besteht, die meist durch Zwischenräume voneinander getrennt sind. Die beiden anderen Formen beobachtet man nur gelegentlich bei dickeren Bändern.

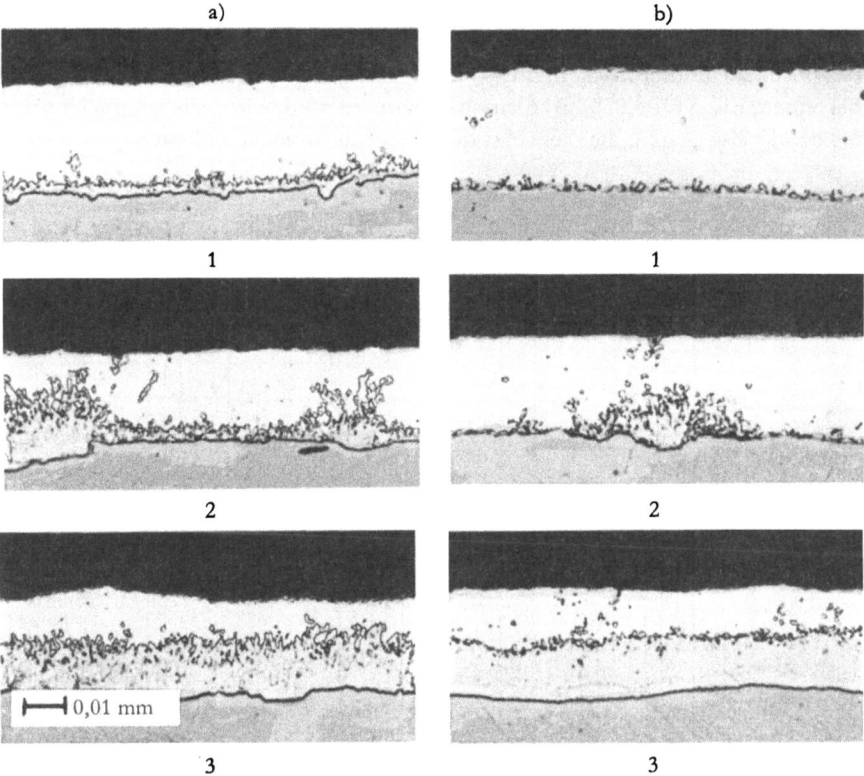

Abb. 9a und b  Ausbildungsformen der Legierungsschicht
  a) bei verzinkten Blechen und
  b) bei nach dem Sendzimir-Verfahren verzinkten Bändern

Bei den bei diesen Versuchen verzinkten 1 mm dicken Bändern treten sie nicht auf.
Bei der Blechverzinkung führen die anhaftenden Eisensalze außerdem dazu, daß die Hemmwirkung des Aluminiums auch nicht so lange anhält wie beim Verzinken sauberer Eisenoberflächen im Laborversuch, so daß man hier eine bestimmte Verkürzung der Hemmdauer berücksichtigen muß. In Abb. 10 sind die bei den einzelnen Blechen auftretenden Arten der Legierungsschicht für verschiedene Tauchzeiten und Zinkbadtemperaturen aufgetragen. Gleichzeitig sind hier aus der Abb. 8 entnommene Kurven für die Hemmdauer bei reinen Oberflächen für jeweils zwei Aluminiumgehalte mit eingezeichnet, so daß man die an reinem Eisen gewonnenen Erkenntnisse mit diesen unter Betriebsverhältnissen erhaltenen vergleichen kann. Man sieht, daß zwischen beiden enge Zusammenhänge bestehen, die es gestatten, die durch die Eisensalze bewirkte Verkürzung der Hemmdauer abzuschätzen. Es zeigt sich nämlich in allen drei Fällen, daß etwa 0,02% Al durch diese Eisensalze verbraucht werden, die Hemmdauer also um eine diesem Aluminiumanteil entsprechende Zeit verkürzt wird. So treten bei den

im Werk A in einem Zinkbad mit 0,07% Al verzinkten Blechen die dünnen, krustenartigen Legierungsschichten, die die Bildung dickerer Eisen–Zink-Legierungsschichten unterdrücken, nur so lange auf, wenn die Kurve der Hemmdauer bei reinem Eisen für 0,05% Al nicht überschritten wird, wie es die eingezeichneten offenen Kreise zeigen, die diese Art der Legierungsschicht andeuten. Das gleiche

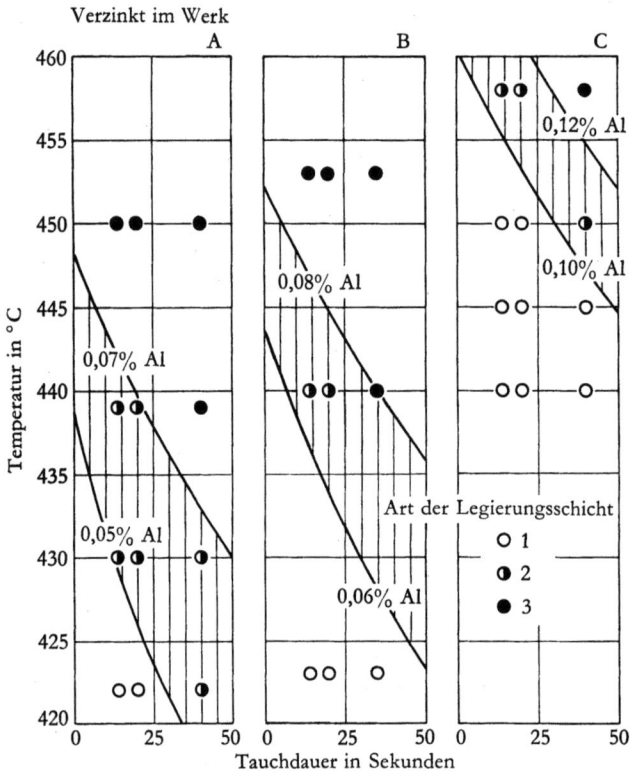

Abb. 10   Arten der Legierungsschicht bei den in den Werken A, B und C bei verschiedenen Temperaturen und mit verschiedenen Tauchzeiten verzinkten Blechen

gilt auch für die in Zinkbädern mit 0,08 und 0,12% Al verzinkten Bleche (Werk B und C), wo die Tauchzeit nicht länger sein darf, als es den betreffenden Kurven für 0,06 und 0,10% Al entspricht. Werden auch die für den Aluminiumgehalt des Zinkbades geltenden Kurven (also die oberen eingezeichneten Kurven) überschritten, so ist die Hemmwirkung restlos zusammengebrochen, und es haben sich an der gesamten Blechoberfläche dickere Eisen–Zink-Legierungsschichten gebildet, die in diesen Bildern als gefüllte Kreise angegeben sind. In dem dazwischen liegenden, schraffiert gezeichneten Bereich tritt die Hemmwirkung nur örtlich nicht mehr auf, und man beobachtet das durch die halb gefüllte Kreise angedeutete Mischgefüge der Legierungsschicht.

Das Auftreten dünner und auch dickerer Legierungsschichten bei nach dem Sendzimir-Verfahren verzinkten Bändern mag zunächst verwundern, wenn man die hier im allgemeinen geltenden Bedingungen mit den in Bild 8 wiedergegebenen Kurven der Hemmdauer vergleicht; denn bei dem verhältnismäßig hohen Aluminiumgehalt von rund 0,15% sollte bei Zinkbadtemperaturen um 450°C und einer Tauchdauer von etwa 6 sec nur sehr dünne, im Schliffbild nicht sichtbare $Fe_2Al_5$-Schichten entstehen, da die Bandoberfläche sehr rein ist und keine Eisensalze darauf haften. Daß hier statt dessen auch die in den Abb. 9b wiedergegebenen dickeren Legierungsschichten entstehen können, liegt an der besonderen Eigenart des Sendzimir-Verfahrens, bei dem im Gegensatz zur sonst üblichen Blechverzinkung das zu verzinkende Band beim Einlauf eine höhere Temperatur als die des Zinkbades hat, d. h. daß die Verhältnisse also gerade umgekehrt sind. Das führt dazu, daß selbst ein Aluminiumgehalt von 0,15% im Augenblick des Einlaufens des Bandes in das Zinkbad nicht ausreicht, die Bildung von Eisen–Zink-Verbindungen ganz zu unterdrücken. Erst wenn die Bandtemperatur durch die Abkühlung im Zinkbad, die zwar sehr schnell erfolgt, weit genug abgesunken ist und die Bandoberfläche noch nicht vollständig mit Eisen–Zink-Verbindungen bedeckt ist, kann an den freiliegenden Stellen eine Hemmwirkung eintreten. Haben sich zu diesem Zeitpunkt aber schon auf der gesamten Blechoberfläche Eisen–Zink-Verbindungen gebildet, was dann möglich ist, wenn die Einlauftemperatur zu hoch oder, wie bei dickeren Bändern, der Wärmeinhalt des Bandes zu groß ist, so kann keine Hemmwirkung mehr eintreten, und es bilden sich dickere Eisen–Zink-Legierungsschichten. Diese kann man dadurch vermeiden, daß man entweder die Einlauftemperatur des Bandes bis auf eine Temperatur, die nur etwas über der des Zinkbades liegt, absenkt, oder aber den Aluminiumgehalt des Zinkbades wesentlich erhöht. Um sich ein Bild von diesen bei höheren Einlauftemperaturen benötigten Aluminiumgehalten zu machen, sei hier nur angegeben, daß bei 500°C bereits 0,25% Al benötigt werden, damit eine Hemmwirkung eintreten kann. Diese und auch weitere Zahlen lassen sich aus den Untersuchungen über die Hemmwirkung des Aluminiums [12] und durch die Erweiterung der in Abb. 8 wiedergegebenen Kurven zu höheren Temperaturen abschätzen.

Die Zinkauflage hängt bei verzinkten Blechen, wenn die Ausziehbedingungen gleich sind, nur von der Dicke der Legierungsschicht ab. Aus diesem Grund kann sie, je nachdem, ob sich eine dünne oder eine dickere Legierungsschicht bildet, sehr unterschiedlich sein. Daher ist es entscheidend, in welchem der in Abb. 10 angegebenen Bereiche die Verzinkung erfolgt ist. Man kann dabei drei Reaktionsarten unterscheiden, und zwar zwischen der Reaktionsart I, wenn die Hemmwirkung des Aluminiums voll wirksam ist und bleibt, also nur dünne Legierungsschichten entstehen, der Reaktionsart II, wenn zwar zunächst eine Hemmwirkung eintritt, die aber während des Verzinkens zusammenbricht, so daß sich zunächst örtlich, nach längeren Zeiten aber auch überall dickere Legierungsschichten bilden, und der Reaktionsart III, wenn der Aluminiumgehalt zu niedrig ist, so daß überhaupt keine Hemmwirkung eintritt und sich sofort dickere Legierungsschichten bilden. In Abb. 11 sind Zinkauflagen der in den Werken A, B und C verzinkten Bleche für diese drei Reaktionsarten getrennt in Abhängigkeit von der Tauchdauer wiedergegeben. Als Tauchdauer ist dabei bei den Reaktionsarten I und III die gesamte Zeit, die das Blech im Zinkbad war, gewählt; bei der Reaktionsart II ist dagegen nur die Zeit als Tauchdauer gerechnet, die nach dem Zusammenbrechen der Hemmwirkung von der gesamten Zeit übrigbleibt, also die Zeit zwischen dem Überschreiten der unteren Kurven in Abb. 10 bis zum Herausziehen der Bleche, und zwar aus dem Grunde, weil erst nach diesem Zeitpunkt ein Wachsen dickerer Legierungsschichten einsetzt.

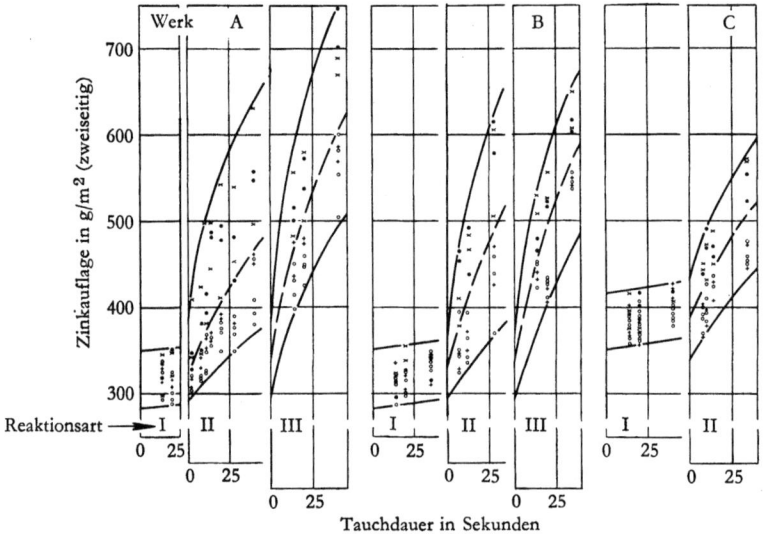

Abb. 11  Abhängigkeit der Zinkauflage von der Tauchdauer bei verschiedenen Reaktionsarten

Die Bilder zeigen, daß die Zinkauflage bei der Reaktionsart I mit der Tauchdauer nicht wesentlich zunimmt. Die dünnen Legierungsschichten entstehen also sehr schnell und wachsen mit der Zeit praktisch nicht mehr weiter. Ein Vergleich der Zinkauflagen der Bleche aus unberuhigtem und aus beruhigtem Stahl zeigt, daß bei dieser Reaktionsart zwischen den beiden Gruppen keine eindeutigen Unterschiede bestehen. Die chemische Zusammensetzung des Stahls spielt hier also nur eine untergeordnete Rolle. Alle Werte liegen in einem gemeinsamen Streubereich, der offensichtlich durch Oberflächeneinflüsse bedingt ist, die dazu führen, daß die Menge der anhaftenden Eisensalze, die die Dicke der Legierungsschicht im wesentlichen bestimmen, bei den einzelnen Blechen verschieden hoch ist.

Bei den Reaktionsarten II und III nimmt die Zinkauflage dagegen mit längerer Tauchdauer erheblich zu, und zwar bei den Blechen aus beruhigtem Stahl schneller und stärker als bei Blechen aus unberuhigtem Stahl. Das liegt einerseits daran, daß bei Blechen aus beruhigtem Stahl die Hemmwirkung im allgemeinen nach Überschreiten der unteren Kurve der Abb. 10 schneller überall zusammenbricht als bei Blechen aus unberuhigtem Stahl. Andererseits ist es darauf zurückzuführen, daß das Wachstum der dickeren Eisen–Zink-Legierungsschichten bei Blechen aus unberuhigtem Stahl mit der aus chemisch wesentlich saubererem Eisen bestehenden »Speckschicht« an der Oberfläche langsamer erfolgt als bei den Blechen aus beruhigtem Stahl, bei dem die Legierungselemente, vor allem Kohlenstoff, bis zur Blechoberfläche gleichmäßig verteilt sind. Bei den nach dem Sendzimir-Verfahren verzinkten Bändern, bei denen nur die Reaktionsart I auftritt, schwanken die Zinkauflagen in sehr engen Grenzen um 300 g/m², da sie hier im wesentlichen durch die Austragswalzen bestimmt werden.

In der vorangegangenen Arbeit [1] ist bereits festgestellt worden, daß die Hafteigenschaften von Zinküberzügen bei einer Umformung durch Falzen und Ziehen sowohl vom Aufbau der Legierungsschicht als auch vom Dehnungsverhalten des Bleches abhängen. Es hat sich dabei gezeigt, daß bei einer dünnen Legierungsschicht (Art 1 nach Abb. 9) dann der Zinküberzug besser am Blech haften bleibt, wenn die Bruchdehnung, die das Dehnungsverhalten in großen Zügen charakterisiert, groß ist, und daß umgekehrt bei einer dickeren Legierungsschicht (Art 3 nach Abb. 9) der Zinküberzug bei geringer Bruchdehnung des Bleches besser haftet. Diese Ergebnisse konnten durch die Untersuchung bestätigt werden.

In Abb. 12 ist das Verhältnis der Erichsentiefung, bei der der Zinküberzug einreißt, zur Erichsentiefung, bei der das Blech zu Bruch geht, in Abhängigkeit von der Bruchdehnung für die verschiedenen in Abb. 9 wiedergegebenen Arten der

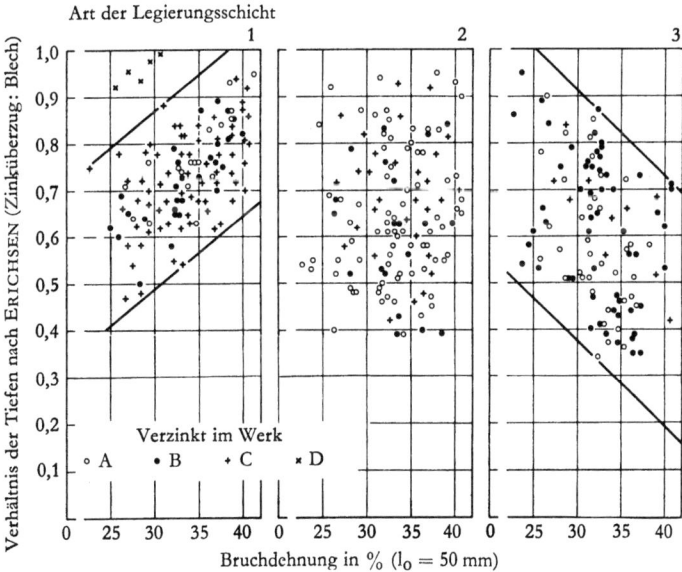

Abb. 12 Abhängigkeit des Verhältnisses der Tiefung nach ERICHSEN, bei der der Zinküberzug einreißt, zur Tiefung, bei der das Blech reißt, von der Bruchdehnung des Bleches für die drei verschiedenen Arten der Ausbildung der Legierungsschicht

Legierungsschicht aufgetragen. Man sieht, daß dieses Verhältnis bei dünnen Legierungsschichten, d. h. von der Art 1, mit zunehmender Bruchdehnung besser und bei dickeren Legierungsschichten (Art 3) schlechter wird. Im Bereich des Übergangs, wo dünne und dickere Legierungsschichten nebeneinander vorhanden sind (Art 2), läßt sich dementsprechend keine Abhängigkeit feststellen. Außer der von der Art der Legierungsschicht und von der Bruchdehnung des Bleches wird dieses Verhältnis der Erichsentiefungen auch noch von der Dicke des Überzuges beeinflußt, und zwar in der Weise, daß das Verhältnis mit zunehmender Dicke kleiner wird. Die Werte für dünnere Überzüge liegen daher am oberen, die für dickere Überzüge am unteren Rande der eingezeichneten Streubereiche, die durch diesen Einfluß der Dicke des Überzuges stark verbreitert werden. Bei den nach dem Sendzimir-Verfahren verzinkten Bändern ist das Verhältnis der Erichsentiefungen deutlich besser, wie es die eingezeichneten liegenden Kreuze zeigen. Der Verlauf dieser Kreuze läßt aber erkennen, daß auch hier die gleichen Gesetzmäßigkeiten vorliegen. Das bessere Verhalten der nach dem Sendzimir-Verfahren verzinkten Bänder dürfte darauf zurückzuführen sein, daß der Zinküberzug gleichmäßiger ist als bei Blechen.

Die gleiche Abhängigkeit des Haftvermögens der Zinküberzüge von der Ausbildung der Legierungsschicht und der Bruchdehnung der Bleche beobachtet man auch beim Umformen durch Falzen und Tiefziehen. Auch hier haftet ein Zinküberzug mit dünner Legierungsschicht (Art 1) besser, wenn die Bruchdehnung groß ist, und ein Zinküberzug mit dicker Legierungsschicht (Art 3) besser, wenn die Bruchdehnung klein ist, wie es die Zusammenstellungen in den Abb. 13 und 14 zeigen, in denen die Anteile des in verschiedene Gruppen eingeteilten Aussehens der Zinküberzüge für die einzelnen Bruchdehnungsbereiche angegeben sind.

| Bruchdehnung in % ($l_0$ = 50 mm) | | Glatt | Rauh | Leichte Risse | Starke Risse | Abgeblättert | Art der Legierungsschicht |
|---|---|---|---|---|---|---|---|
| | 40–45 | 13,3% | 40,0% | 40,0% | 6,7% | – | 1 |
| | 35–40 | 4,4% | 34,9% | 45,7% | 12,7% | 2,3% | |
| | 30–35 | – | 10,3% | 27,6% | 34,5% | 27,6% | |
| | 25–30 | – | 9,7% | 25,5% | 45,1% | 19,7% | |
| | 20–25 | – | – | – | 33,3% | 66,7% | |
| | 40–45 | 7,7% | 38,5% | 15,4% | 30,8% | 7,3% | 2 |
| | 35–40 | – | 19,0% | 29,3% | 38,0% | 13,7% | |
| | 30–35 | 1,2% | 21,1% | 33,3% | 22,2% | 22,2% | |
| | 25–30 | – | 33,3% | 36,4% | 21,2% | 9,1% | |
| | 20–25 | 14,3% | 16,8% | 26,0% | 28,6% | 14,3% | |
| | 40–45 | – | – | 8,0% | 51,2% | 40,8% | 3 |
| | 35–40 | – | 2,7% | 18,3% | 42,1% | 36,9% | |
| | 30–35 | – | 27,6% | 35,6% | 17,2% | 19,6% | |
| | 25–30 | 3,5% | 65,5% | 24,1% | 6,9% | – | |
| | 20–25 | 16,7% | 50,0% | 33,3% | – | – | |

Abb. 13 Einfluß der Bruchdehnung des Bleches auf das Verhalten des Zinküberzuges beim Falzen mit Maschinen bei den drei Ausbildungsarten der Legierungsschicht

Wenn man die Bruchdehnung des unverzinkten Bleches und ihre Veränderung beim Verzinken kennt, kann man also die Verzinkungsbedingungen so wählen, daß Legierungsschichten entstehen, die eine gute Heftung bei der Umformung durch Falzen oder Tiefziehen gewährleisten.

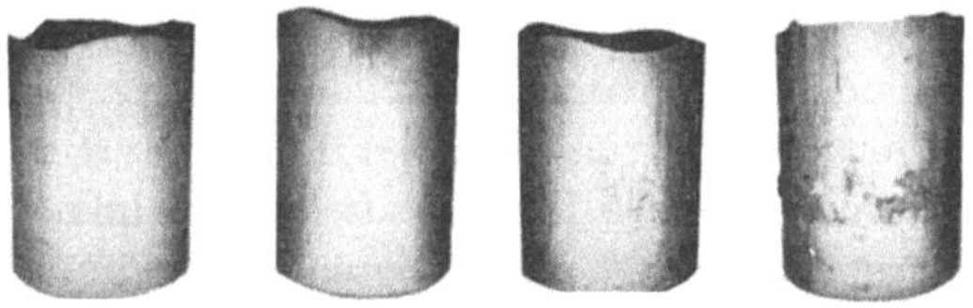

| Art der Legierungsschicht | Bruchdehnung in % ($l_o = 50$ mm) | Glatt | Rauh | Risse | Abgeblättert |
|---|---|---|---|---|---|
| 1 | 40–45 | 55,3% | 44,7% | – | – |
| 1 | 35–40 | 23,5% | 58,9% | 17,6% | – |
| 1 | 30–35 | 11,5% | 27,5% | 38,3% | 23,7% |
| 1 | 25–30 | – | 0,8% | 47,9% | 51,3% |
| 1 | 20–25 | – | – | 33,3% | 66,7% |
| 2 | 40–45 | 2,3% | 45,5% | 18,4% | 33,8% |
| 2 | 35–40 | 12,2% | 34,3% | 10,4% | 43,1% |
| 2 | 30–35 | 29,6% | 3,7% | 51,3% | 15,4% |
| 2 | 25–30 | 9,2% | 25,4% | 31,3% | 34,1% |
| 2 | 20–25 | 25,0% | 50,0% | – | 25,0% |
| 3 | 40–45 | – | – | – | 100 % |
| 3 | 35–40 | – | 4,0% | 37,8% | 58,2% |
| 3 | 30–35 | 11,4% | 38,9% | 41,4% | 8,3% |
| 3 | 25–30 | 21,3% | 51,3% | 27,4% | – |
| 3 | 20–25 | 60,0% | 40,0% | – | – |

Abb. 14 Einfluß der Bruchdehnung des Bleches auf das Verhalten des Zinküberzuges beim Tiefziehen bei den drei Ausbildungsarten der Legierungsschicht

## 5. Zusammenfassung

Bei der Beurteilung der Eigenschaften verzinkter Bleche und Bänder ist es wichtig, daß man die des Bleches und die des Zinküberzuges getrennt voneinander betrachtet. Die mechanischen Eigenschaften unverzinkter Bleche hängen bei annähernd gleichen Walz- und Glühbedingungen im wesentlichen von ihrer chemischen Zusammensetzung ab, und zwar im besonderen von ihrem Kohlenstoff-, Stickstoff- und Phosphorgehalt. Diese Eigenschaften werden durch die beim Verzinken eintretende künstliche Alterung mehr oder weniger stark beeinflußt. Der Unterschied zwischen den Eigenschaften des unverzinkten und verzinkten Bleches ist in erster Linie durch das Gefüge bedingt. Er ist besonders groß, wenn der Zementit in Form grober Teilchen oder als Korngrenzenzementit ausgeschieden ist und die Korngröße des Ferrits groß ist.

Beim Verzinken in aluminiumhaltigen Zinkbädern können sich sehr verschiedene Legierungsschichten bilden. Die Art der entstehenden Legierungsschicht hängt vom Aluminiumgehalt des Zinkbades, der Zinkbadtemperatur und der Tauchdauer ab und kann durch diese drei Größen an Hand von angegebenen Kurven gesteuert werden. Sie bestimmt im Zusammenwirken mit den Dehnungseigenschaften des Bleches das Verhalten des Zinküberzuges bei einer Umformung. Die Untersuchungen zeigen, daß ein Zinküberzug mit dünner Legierungsschicht besser haftet, wenn die Bruchdehnung des Bleches groß ist, während umgekehrt Zinküberzüge mit dickerer Legierungsschicht dann besonders gut haften, wenn die Bruchdehnung des Bleches klein ist.

Durch Auswahl geeigneter Bleche und Einhalten bestimmter Verzinkungsbedingungen ist es daher möglich, für alle Zwecke verzinkte Bleche und Bänder herzustellen, die den an sie gestellten Anforderungen genügen.

Dr. rer. nat. Dietrich Horstmann

# 6. Literaturverzeichnis

[1] HORSTMANN, D., Stahl und Eisen 82 (1962), S. 338–347.
[2] BABLIK, H., Das Feuerverzinken. Wien 1941.
[3] ROWLAND, D. H., Trans. Amer. Soc. Metals 40 (1948), S. 983–1011.
[4] WERTHEBACH, P., Erörterungsbeitrag zu Funke jr., P. und W. Lueg, Stahl und Eisen 79 (1959), S. 1398–1411.
[5] LISTHUBER, F., Berg- und Hüttenmännische Monatshefte 106 (1962), Nr. 3, S. 422 bis 424.
[6] TESIMA, S., M. SHIMIZU und M. IDE, Tetsu to Hagane 46 (1960), Nr. 3, S. 422–424.
[7] BABLIK, H., F. GÖTZL und R. KUKACZKA, Korrosion i. Metallsch. 18 (1942), S. 22–26.
[8] BABLIK, H., F. GÖTZL und R. KUKACZKA, Korrosion i. Metallsch. 21 (1945), S. 1–9.
[9] HUGHES, M. L., I. Iron Stell Inst. 166 (1950), S. 77–84.
[10] HUGHES, M. L., Intern. Conf. on Hot Dip Galvanizing at Copenhagen. Oxford 1951.
[11] HAUGHTON, M. A., Intern. Conf. on Hot Dip Galvanizing at Düsseldorf. Oxford 1953.
[12] HORSTMANN, D., Arch. Eisenhüttenwes. 27 (1956), S. 297–302.
[13] SEBISTY, I. I., und I. O. EDWARDS, Proc. 5 Intern. Conf. on Hot Dip Galvanizing. London 1958.
[14] CAMERON, D. J., und M. K. ORMAY, Proc. 6 Intern. Conf. on Hot Dip Galvanizing. London 1961.

# FORSCHUNGSBERICHTE
# DES LANDES NORDRHEIN-WESTFALEN

Herausgegeben im Auftrage des Ministerpräsidenten Dr. Franz Meyers
von Staatssekretär Prof. Dr. h. c. Dr.-Ing. E. h. Leo Brandt

## EISENVERARBEITENDE INDUSTRIE

**HEFT 39**
*Forschungsgesellschaft Blechverarbeitung e. V., Düsseldorf*
*Aus den Arbeiten des Instituts für Werkzeugmaschinen an der Technischen Hochschule Hannover*
Untersuchungen an prägegemusterten und vorgelochten Blechen
*1953. 40 Seiten, 34 Abb. DM 9,50*

**HEFT 43**
*Forschungsgesellschaft Blechverarbeitung e. V., Düsseldorf*
Forschungsergebnisse über das Beizen von Blechen
*1953. 41 Seiten, 38 Abb., 3 Tabellen. Vergriffen*

**HEFT 51**
*Verein zur Förderung von Forschungs- und Entwicklungsarbeiten in der Werkzeugindustrie e. V., Remscheid*
Untersuchungen an Kreissägeblättern für Holz, Fehler- und Spannungsprüfverfahren
*1953. 39 Seiten, 23 Abb. DM 10,—*

**HEFT 56**
*Forschungsgesellschaft Blechverarbeitung e. V., Düsseldorf*
Untersuchungen über einige Probleme der Behandlung von Blechoberflächen
*1953. 41 Seiten, 42 Abb. DM 11,20*

**HEFT 60**
*Forschungsgesellschaft Blechverarbeitung e. V., Düsseldorf*
Untersuchungen über das Spritzlackieren im elektrostatischen Hochspannungsfeld
*1954. 82 Seiten, 53 Abb., 7 Tabellen. Vergriffen*

**HEFT 61**
*Verein zur Förderung von Forschungs- und Entwicklungsarbeiten in der Werkzeugindustrie e. V., Remscheid*
Schwingungs- und Arbeitsverhalten von Kreissägeblättern für Holz I
*1953. 43 Seiten, 31 Abb. DM 11,40*

**HEFT 65**
*Fachverband Schneidwarenindustrie, Solingen*
Untersuchungen über das elektrolytische Polieren von Tafelmesserklingen aus rostfreiem Stahl
*1954. 79 Seiten, zahlreiche Abb., 9 Tabellen.*
*DM 17,35*

**HEFT 87**
*Gemeinschaftsausschuß Verzinken, Düsseldorf*
Untersuchungen über Güte von Verzinkungen
*1954. 56 Seiten, 56 Abb., 3 Tabellen. Vergriffen*

**HEFT 98**
*Fachverband Gesenkschmieden, Hagen*
Die Arbeitsgenauigkeit beim Gesenkschmieden unter Hämmern
*1954. 117 Seiten, 55 Abb., 9 Tabellen. DM 24,75*

**HEFT 116**
*Prof. Dr.-Ing. E. Siebel und Dr.-Ing. Helmut Weiss, Stuttgart*
Untersuchungen an einigen Problemen des Tiefziehens — I. Teil
*1955. 59 Seiten, 50 Abb., 6 Tabellen. DM 14,50*

**HEFT 117**
*Dr.-Ing. H. Beißwänger, Stuttgart und*
*Dr.-Ing. S. Schwandt, Trier*
Untersuchungen an einigen Problemen des Tiefziehens — II. Teil
*1954. 77 Seiten, 34 Abb., 8 Tabellen. DM 17,70*

**HEFT 150**
*Prof. Dr.-Ing. Otto Kienzle und*
*Dipl.-Ing. F. Wilhelm Timmerbeil, Hannover*
Das Durchziehen enger Kragen an ebenen Fein- und Mittelblechen
*1955. 39 Seiten, 20 Abb., 8 Tabellen. DM 11,30*

**HEFT 177**
*Dipl.-Ing. Hans Stüdemann, Solingen und*
*Dr.-Ing. W. Müchler, Essen*
Entwicklung eines Verfahrens zur zahlenmäßigen Bestimmung der Schneideigenschaften von Messerklingen
*1956. 92 Seiten, 68 Abb., 4 Tabellen. DM 22,20*

HEFT 224
*Dipl.-Ing. Hans Stüdemann und Ing. R. Beu, Forschungsinstitut für die Schneidwarenindustrie an der Fachschule für Metallgestaltung und Metalltechnik, Solingen*
Verfahren zur Prüfung der Korrosionsbeständigkeit von Messerklingen aus rostfreiem Stahl
*1956. 82 Seiten, 28 Abb. DM 16,90*

HEFT 225
*Dr.-Ing. Eginhard Barz, Remscheid*
Der Spannungszustand von Gattersägeblättern
*1956. 63 Seiten, 54 Abb. DM 16,50*

HEFT 277
*Dr.-Ing. W. Müchler, Forschungsinstitut für Metallgestaltung und Metalltechnik, Solingen*
*Direktor: Dipl.-Ing. Hans Stüdemann*
Untersuchung und zahlenmäßige Bestimmung der Schneideigenschaften von Messern mit besonderer Berücksichtigung rostfreier Messerstähle
*1956. 47 Seiten, 27 Abb., 5 Tabellen. DM 13,20*

HEFT 283
*Prof. Dr. phil. Franz Wever und*
*Dr.-Ing. Werner Lueg, Max-Planck-Institut für Eisenforschung, Düsseldorf*
Warmstauchversuche zur Ermittlung der Formänderungsfestigkeit von Gesenkschmiede-Stählen
*1956. 31 Seiten, 19 Abb. DM 9,90*

HEFT 285
*Prof. Dr.-Ing. Otto Kienzle, Dr.-Ing. Kurt Lange und Dipl.-Ing. Helmut Meinert, Institut für Werkzeugmaschinen und Umformtechnik der Technischen Hochschule Hannover*
Einfluß der Oberfläche auf das Verschleißverhalten von Schmiedegesenken
*1956. 50 Seiten, 29 Abb., 8 Tabellen. DM 14,60*

HEFT 286
*Dr.-Ing. Kurt Lange, Dipl.-Ing. Helmut Meinert, unter Mitarbeit von Dr.-Ing. Heinz Arend, Institut für Werkzeugmaschinen und Umformtechnik der Technischen Hochschule Hannover*
Verschleißverhalten hartverchromter Schmiedegesenke
*1956. 62 Seiten, 53 Abb., 6 Tabellen. DM 17,65*

HEFT 321
*Prof. Dr. phil. Franz Wever und*
*Dr. phil. Wolfgang Wepner, Max-Planck-Institut für Eisenforschung, Düsseldorf*
Gleichzeitige Bestimmung kleiner Kohlenstoff- und Stickstoffgehalte im $\alpha$-Eisen durch Dämpfungsmessung
*1956. 17 Seiten, 4 Abb., 3 Tabellen. DM 6,80*

HEFT 322
*Prof. Dr.-Ing. Franz Bollenrath und*
*Dipl.-Ing. Wilhelm Domke, Aachen*
Eigenspannungen in vergüteten, dickwandigen Stahlzylindern nach Oberflächenhärtung mit induktiver Erwärmung
*1956. 17 Seiten, 9 Abb., 2 Tabellen. DM 6,90*

HEFT 360
*Dr.-Ing. Eginhard Barz, Remscheid*
Fertigungsverfahren und Spannungsverlauf bei Kreissägeblättern für Holz
*1957. 68 Seiten, 40 Abb. DM 17,—*

HEFT 367
*Dr. rer. nat. Dietrich Horstmann, Max-Planck-Institut für Eisenforschung und Gemeinschaftsausschuß Verzinken, Düsseldorf*
Der Angriff eisengesättigter Zinkschmelzen auf kohlenstoff-, schwefel- und phosphorhaltiges Eisen
*1957. 42 Seiten, 22 Abb., 6 Tabellen. DM 12,85*

HEFT 375
*Technischer Überwachungs-Verein e. V., Essen*
Wanddickenmessungen mittels radioaktiver Strahlen und Zählrohrgerät
*1958. 24 Seiten, 15 Abb. DM 9,55*

HEFT 376
*Technischer Überwachungs-Verein e. V., Essen*
Wasserumlaufprobleme an Hochdruckkesseln
*1958. 126 Seiten, 56 Abb., 8 Tabellen. DM 32,60*

HEFT 377
*Technischer Überwachungs-Verein e. V., Essen*
Versuche an Wanderrostkesseln mit befeuchteter Verbrennungsluft
*1958. 35 Seiten, 19 Abb., 2 Tabellen. DM 12,20*

HEFT 395
*Dipl.-Ing. Ludwig Hahn, Clausthal-Zellerfeld*
Untersuchungen zur Frage des optimalen Bohrloch- und Patronendurchmessers
*1957. 119 Seiten, 49 Abb., 19 Tabellen. DM 31,25*

HEFT 445
*Dr. Ing. Eginhard Barz, Remscheid*
Fertigungs- und Prüfverfahren für Feilen
*Vergriffen*

HEFT 447
*Prof. Dr.-Ing. Franz Bollenrath, Aachen*
*Dr.-Ing. H. Füllenbach, Seesen und*
*Dipl.-Ing. J. Schumacher*
Entwicklung rationell arbeitender Spritzkabinen
*1958. 44 Seiten, 26 Abb. Vergriffen*

HEFT 473
*Prof. Dr. phil. Franz Wever, Dr.-Ing. Werner Lueg und Dipl.-Ing. Paul Funke jr., Max-Planck-Institut für Eisenforschung, Düsseldorf*
Versuche an einer hydraulischen 25-t-Stangenziehbank
*1957. 22 Seiten, 11 Abb. DM 8,95*

HEFT 557
*Dr.-Ing. Hans Schiffers, Dipl.-Ing. Dieter Ammann, Dipl.-Ing. Erich Brugger und Dipl.-Ing. Rudolf Dicke, Gießerei-Institut der Rhein.-Westf. Technischen Hochschule Aachen*
Härtbarkeit von Gußeisen mit Lamellen- und Kugelgraphit in Abhängigkeit von Zusammensetzung und Gefüge
*1958. 29 Seiten, 24 Abb., 1 Tabelle. DM 11,—*

HEFT 630
*Prof. Dr. phil. Walter Koch und Dr. techn. Dipl.-Ing. Hanns Malissa, Max-Planck-Institut für Eisenforschung, Düsseldorf*
Beiträge zur Spurenanalyse im Reinsteisen
*1958. 25 Seiten, 8 Tabellen. DM 7,60*

HEFT 639
*Prof. Dr.-Ing. habil. Karl Krekeler, Dr.-Ing. Heinz Peukert und Dipl.-Ing. Otto Schwarz, Institut für Kunststoffverarbeitung an der Rhein.-Westf. Technischen Hochschule Aachen*
Auswertung der in- und ausländischen Literatur auf dem Gebiete des Metallklebens
*1958. 152 Seiten. Vergriffen*

HEFT 655
*Dr. rer. pol. A. Theodor Wuppermann, Prof. Dr.-Ing. M. Pfender und Reg.-Rat Dipl.-Ing. E. Amedick, im Auftrage des Vereins Deutscher Eisenhüttenleute, Düsseldorf*
Untersuchung des Einflusses von Oberflächenfehlern auf die Dauerhaltbarkeit von Kurbelwellen
*1958. 48 Seiten, 101 Abb., 4 Tabellen. DM 10,—*

HEFT 680
*Prof. Dr. phil. Walter Koch, Dr.-Ing. Angelika Schrader, Dr.-Ing. habil. Alfred Krisch und Dipl.-Phys. Helmut Rohde, Max-Planck-Institut für Eisenforschung, Düsseldorf*
Änderungen im Gefügeaufbau austenitischer Chrom-Nickel-Stähle bei Zeitstandversuchen von mehrjähriger Dauer
*1959. 37 Seiten, 23 Abb., 5 Tabellen. DM 12,20*

HEFT 681
*Prof. Dr.-Ing. Dr.-Ing. E. h. Hermann Schenk und Dr.-Ing. Werner Wenzel, Institut für Eisenhüttenwesen der Rhein.-Westf. Technischen Hochschule Aachen*
Die Reduktion von Eisenerzen im Elektro-Fließbett
*1959. 76 Seiten, 20 Abb., 12 Tabellen. DM 19,60*

HEFT 693
*Prof. Dr.-Ing. Otto Kienzle, Dr.-Ing. Friedrich Wilhelm Timmerbeil und Dr.-Ing. Thomas Jordan, Hannover*
Einige Untersuchungen über das Schneiden von Blechen
*1959. 55 Seiten, 54 Abb., 3 Tabellen. DM 17,40*

HEFT 702
*Prof. Dr. phil. Walter Koch und Dipl.-Phys. Dr. rer. nat. Hans Lüdering, Max-Planck-Institut für Eisenforschung, Düsseldorf*
Statistische Auswertung von Thomasroheisenproben guter und schlechter Verblasbarkeit
*1959. 20 Seiten, 3 Abb., 3 Tabellen. DM 6,50*

HEFT 703
*Prof. Dr. phil. Walter Koch und Dipl.-Phys. Dr. phil. Heinz Sundermann, Max-Planck-Institut für Eisenforschung, Düsseldorf*
Isolierungstechnische Untersuchungen an Thomasroheisen
*1959. 28 Seiten, 16 Abb., 1 Tabelle. DM 9,—*

HEFT 705
*Dr.-Ing. Karl Ernst Mayer, Dr.-Ing. Helmut Knüppel, Ing. Arthur Stumpf, Dortmund-Hörder-Hüttenunion AG., Dortmund, und Prof. Dr. phil. Walter Koch, Max-Planck-Institut für Eisenforschung, Düsseldorf*
Wege zur automatischen Überwachung des Thomasverfahrens
*1959. 56 Seiten, 20 Abb., 7 Tabellen. DM 14,80*

HEFT 714
*Prof. Dr.-Ing. Wilhelm Patterson, Gießerei-Institut der Rhein.-Westf. Technischen Hochschule Aachen*
Wirkung einer Gasspülung auf den Magnesiumverbrauch bei der Herstellung von Gußeisen mit Kugelgraphit
*1959. 44 Seiten, 35 Abb., 14 Tabellen. DM 13,40*

HEFT 728
*Dr.-Ing. Klaus Spies, Dortmund*
Die Zwischenformen beim Gesenkschmieden und ihre Herstellung durch Formwalzen
*1959. 113 Seiten, 61 Abb., 2 Tabellen. DM 29,60*

HEFT 740
*Dr. rer. nat. Dietrich Horstmann, Max-Planck-Institut für Eisenforschung und Gemeinschaftsausschuß Verzinken, Düsseldorf*
Einfluß einiger Eisen- und Zinkbegleiter auf Größe und Art des Zinkangriffs auf Eisen
*1959. 38 Seiten, 22 Abb., 1 Tabelle. DM 12,60*

HEFT 741
*Dipl.-Ing. Hans Stüdemann, Dipl.-Ing. Fritz Esselborn und Ing. Hermann Hartmann, Forschungsinstitut an der Fachschule für Metallgestaltung und Metalltechnik, Solingen*
Untersuchungen zur Prüfung der Korrosionsbeständigkeit rostbeständiger Besteckbleche aus Chromstahl
*1959. 31 Seiten, 30 Abb., 4 Tabellen. DM 10,30*

HEFT 742
*Dr.-Ing. Eginhard Barz, Verein zur Förderung von Forschungs- und Entwicklungsarbeiten in der Werkzeugindustrie e. V., Remscheid*
Schneideigenschaften von schneidenden Zangen und Prüfverfahren
*1959. 66 Seiten, 40 Abb., 4 Tabellen. DM 18,40*

**HEFT 757**
*Dr.-Ing. Angelika Schrader und*
*Dr.-Ing. habil. Alfred Krisch, Max-Planck-Institut für Eisenforschung, Düsseldorf*
Mikroskopische Beobachtungen von Ausscheidungen in austenitischen und ferritischen Stählen nach dem Kriechversuch
*1959. 21 Seiten, 22 Abb., 1 Tabelle. DM 8,60*

**HEFT 780**
*Prof. Dr. phil. Franz Wever, Dr.-Ing. Werner Lueg und Dr.-Ing. Paul Funke, Max-Planck-Institut für Eisenforschung, Düsseldorf*
Untersuchung von Walzölen und Walzölemulsionen im Kaltwalzversuch
*1959. 68 Seiten, 28 Abb., mehr. Tabellen. DM 18,50*

**HEFT 781**
*Verein zur Förderung von Forschungs- und Entwicklungsarbeiten in der Werkzeugindustrie e.V., Remscheid*
Verformungseinflüsse bei der Feilenherstellung
*1959. 65 Seiten, 39 Abb. DM 20,—*

**HEFT 840**
*Prof. Dr. phil. Franz Wever,*
*Dr.-Ing. Hans-Günter Müller und*
*Dr.-Ing. Paul Funke, Max-Planck-Institut für Eisenforschung, Düsseldorf*
Versuchsmäßige und rechnerische Bestimmung von Walzkraft und Drehmoment unter Einwirkung von Bandzugspannungen beim Kaltwalzen von Bandstahl
*1960. 36 Seiten, 12 Abb., 3 Tafeln. DM 10,90*

**HEFT 841**
*Dr. rer. nat. Hubert Blanck, Max-Planck-Institut für Eisenforschung, Düsseldorf*
Untersuchungen zur Kinetik des Martensitzerfalls
*1960. 33 Seiten, 11 Abb. DM 10,30*

**HEFT 848**
*Dipl.-Ing. Hans-Jochen Stöter, Institut für Werkzeugmaschinen und Umformtechnik der Technischen Hochschule Hannover*
Untersuchung des Schmiedevorganges in Hammer und Presse, insbesondere hinsichtlich des Steigens
*1960. 133 Seiten, 62 Abb., 8 Tabellen. DM 35,60*

**HEFT 889**
*Dr.-Ing. Werner Hufschmidt, Lehrstuhl für Heizung und Lüftung an der Rhein.-Westf. Technischen Hochschule Aachen*
Die Eigenschaften von Rippenrohrluftkühlern im Arbeitsbereich der Klimaanlage
*1960. 125 Seiten, 37 Abb. DM 33,30*

**HEFT 890**
*Dr.-Ing. Heinz Meyer, Institut für Werkzeugmaschinen und Umformtechnik, Technische Hochschule Hannover*
Untersuchungen über den Umformvorgang in Waagerecht-Stauchmaschinen
*1960. 75 Seiten, 61 Abb., 3 Tabellen. DM 21,90*

**HEFT 916**
*Dipl.-Ing. Hans-Joachim Crasemann, Forschungsstelle Blechbearbeitung am Institut für Werkzeugmaschinen und Umformtechnik der Technischen Hochschule Hannover*
*Direktor: Prof. Dr.-Ing. Dr.-Ing. E. h. Otto Kienzle*
Der offene, kreuzende Scherschnitt an Blechen
*1960. 138 Seiten, 66 Abb., 10 Tabellen. DM 40,70*

**HEFT 1000**
*Dipl.-Ing. Hartmut Tolkien, Institut für Werkzeugmaschinen und Umformtechnik der Technischen Hochschule Hannover*
*Direktor: Prof. Dr.-Ing. Dr.-Ing. E. h. Otto Kienzle*
Schmierwirkungen in Schmiedegesenken
*1961. 150 Seiten, 75 Abb., 2 Tabellen, 1 Anhang. DM 44,90*

**HEFT 1004**
*Dr.-Ing. Eginhard Barz, Verein zur Förderung von Forschungs- und Entwicklungsarbeiten in der Werkzeugindustrie e.V., Remscheid*
Untersuchung von Schraubendrehern und Schraubenverbindungen
*1961. 68 Seiten, 26 Abb., 12 Tabellen. DM 22,30*

**HEFT 1027**
*Dr.-Ing. Eginhard Barz, Verein zur Förderung von Forschungs- und Entwicklungsarbeiten in der Werkzeugindustrie e.V., Remscheid*
Prüfung von Feilen
*1961. 57 Seiten, 23 Abb., 7 Tabellen. DM 20,50*

**HEFT 1028**
*Dr.-Ing. Siegfried Stendorf, Verein zur Förderung von Forschungs- und Entwicklungsarbeiten in der Werkzeugindustrie e.V., Remscheid*
Das Gleitstauchen von Schneidezähnen an Sägen für Holz
*1961. 138 Seiten, 85 Abb., 9 Tabellen. DM 47,10*

**HEFT 1056**
*Dr.-Ing. Oskar Pawelski und Dr.-Ing. Werner Lueg †, Max-Planck-Institut für Eisenforschung, Düsseldorf*
Der Spannungszustand beim Ziehen und Einstoßen von runden Stangen
*1962. 106 Seiten, 35 Abb., 10 Tabellen. DM 33,60*

**HEFT 1089**
*Direktor Dipl.-Ing. Hans Stüdemann und*
*Dr.-Ing. Fritz Esselborn, Forschungsinstitut an der Fachschule für Metallgestaltung und Metalltechnik, Solingen*
Untersuchungen über den Einfluß der Zusammensetzung und Gefügeausbildung auf das Härtungsverhalten des Stahles X 40 Cr 13
*1962. 37 Seiten, 37 Abb., 8 Tabellen. DM 17,—*

**HEFT 1091**
*Dipl.-Ing. Kurt Buchmann, Forschungsgesellschaft Blechverarbeitung e.V., Düsseldorf*
Beitrag zur Verschleißbeurteilung beim Schneiden von Stahlfeinblechen
*1962. 126 Seiten, 77 Abb. DM 71,40*

**HEFT 1129**
*Prof. Dr.-Ing. Joseph Mathieu, Forschungsinstitut für Rationalisierung an der Rhein.-Westf. Technischen Hochschule, Aachen, im Auftrage des Fachverbandes Gesenkschmieden im Wirtschaftsverband Stahlverformung, Hagen*
Richtwerte für eine Platzkostenrechnung in der Gesenkschmiedeindustrie
*1963. 54 Seiten, 7 Tabellen, 52 Seiten tabellarischer Anhang. DM 63,30*

**HEFT 1140**
*Direktor Dipl.-Ing. Hans Stüdemann und Dipl.-Ing. Fritz Esselborn, Forschungsinstitut an der Fachschule für Metallgestaltung und Metalltechnik, Solingen*
Einflüsse der Prüfbedingungen auf die Ergebnisse von Schneideigenschaftsprüfungen an Messern
*1962. 33 Seiten, 24 Abb. DM 14,80*

**HEFT 1162**
*Prof. Dr.-Ing. Dr.-Ing. E. h. Otto Kienzle und Dipl.-Ing. Manfred Meyer, im Auftrage der Forschungsgesellschaft Blechverarbeitung e.V., Düsseldorf*
Verfahren zur Erzielung glatter Schnittflächen beim vollkantigen Schneiden von Blech
*1963. 114 Seiten, 71 Abb., 6 Tabellen. DM 60,40*

**HEFT 1164**
*Dr.-Ing. Eginhard Barz u. a., Verein zur Förderung von Forschungs- und Entwicklungsarbeiten in der Werkzeugindustrie e.V., Remscheid*
Teil I: Arbeitsverhalten von scheibenförmigen Werkzeugen
Teil II: Schnittversuche von verleimten Holzwerkzeugen
*1963. 90 Seiten, 16 Abb., 6 Tabellen. DM 44,80*

**HEFT 1171**
*Prof. Dr.-Ing., Dr.-Ing E. h. Otto Kienzle und Dipl.-Ing. Kurt Haverbeck, Hannover, im Auftrage der Forschungsgesellschaft Blechverarbeitung e.V., Düsseldorf*
Das Herstellen von Außenborden an Blechteilen zwischen Stempel und Ring
*1963. 96 Seiten, 58 Abb. DM 54,50*

**HEFT 1347**
*Dr. rer. nat. Dietrich Horstmann, Max-Planck-Institut für Eisenforschung und Gemeinschaftsausschuß Verzinken, Düsseldorf*
Allgemeine Gesetzmäßigkeiten des Einflusses von Eisenbegleitern auf die Vorgänge beim Feuerverzinken
*1964. 27 Seiten, 17 Abb. 2 Tabellen. DM 16,50*

**HEFT 1348**
*Prof. Dr.-Ing. Dr. h. c. Herwart Opitz, Dr.-Ing. Wilfried König und Dipl.-Ing. Welf-Dieter Neumann, Laboratorium für Werkzeugmaschinen und Betriebslehre der Rhein.-Westf. Technischen Hochschule Aachen*
Einfluß verschiedener Schmelzen auf die Zerspanbarkeit von Gesenkschmiedestücken
*1964. 99 Seiten, 64 Abb., 12 Tabellen. DM 59,—*

**HEFT 1349**
*Dr.-Ing. Tin Ming Wu, Forschungsstelle Gesenkschmieden an der Technischen Hochschule Hannover*
Untersuchungen über das Auftragsschweißen von Gesenken für Schmiedestücke aus Stahl
*1964. 46 Seiten, 16 Abb., 14 Tabellen. DM 22,80*

**HEFT 1350**
*Prof. Dr. phil. Karl Löhberg, Dipl.-Ing. Klaus Röhrig und Dr.-Ing. Peter Sahm, Institut für Gießereikunde der Technischen Universität Berlin*
Über die Keimbildung in unlegiertem Kupfer und unlegiertem Eisen
*1964. 77 Seiten, 22 Abb., 6 Tabellen. DM 36,—*

**HEFT 1352**
*Direktor Dipl.-Ing. Hans Stüdemann und Dr.-Ing. Fritz Esselborn, Forschungsinstitut an der Fachschule für Metallgestaltung und Metalltechnik, Solingen*
Die Ergebnisse von Schneideigenschaftsprüfungen an Messern unter Berücksichtigung des Einflusses der geometrischen Form des Messers und des Einflusses der Karbidverteilung und -größe im Werkstoff
*1964. 39 Seiten, 48 Abb., 2 Tabellen. DM 21,—*

**HEFT 1353**
*Direktor Dipl.-Ing. Hans Stüdemann und Dr.-Ing. Fritz Esselborn, Forschungsinstitut an der Fachschule für Metallgestaltung und Metalltechnik, Solingen*
Untersuchungen über den Einfluß unterschiedlicher Herstellungsverfahren auf die Qualität rostbeständiger Messer
*1964. 48 Seiten, 53 Abb. DM 22,50*

**HEFT 1354**
*Direktor Dipl.-Ing. Hans Stüdemann und Dr.-Ing. Fritz Esselborn, Forschungsinstitut an der Fachschule für Metallgestaltung und Metalltechnik, Solingen*
Untersuchungen über den Einfluß der Wärmebehandlung in Zusammenhang mit unterschiedlicher Herstellung auf die Eigenschaften von rostbeständigen Messern
*1964. 33 Seiten, 42 Abb. DM 18,—*

**HEFT 1355**
*Dr.-Ing. habil. Alfred Krisch, Max-Planck-Institut für Eisenforschung, Düsseldorf*
Kriechverhalten, Gefügeänderungen und Risse bei mehrjährigen Zeitstandversuchen
*1964. 27 Seiten, 17 Abb., 6 Tabellen. DM 14,80*

**HEFT 1381**
*Dr.-Ing. Heinz Meyer-Nolkemper, Forschungsstelle Gesenkschmieden an der Technischen Hochschule Hannover*
*Im Auftrage des Verbandes Gesenkschmieden im Wirtschaftsverband Stahlverformung, Hagen*
Dornen in Waagerecht-Stauchmaschinen
*1964. 45 Seiten, 30 Abb., 2 Tabellen. DM 26,50*

**HEFT 1395**
*Prof. Dr. rer. techn. Fritz Reutter, Institut für Geometrie und Praktische Mathematik der Rhein.-Westf. Technischen Hochschule Aachen, Dr. rer. nat. Dieter Haupt, Rechenzentrum der Rhein.-Westf. Technischen Hochschule Aachen*
Untersuchungen auf dem Gebiet der praktischen Mathematik
*1964. 85 Seiten, 6 Abb., 10 Tabellen. DM 53,50*

**HEFT 1413**
*Dr. rer. nat. Dietrich Horstmann und Dipl.-Ing. Ulrich Krause, Max-Planck-Institut für Eisenforschung und Gemeinschaftsausschuß Verzinken, Düsseldorf*
Einfluß von Oberflächenrauheit und Glühbehandlung auf die Güte verzinkter Bleche
*1964. 22 Seiten, 9 Abb., 1 Tabelle. DM 14,—*

**HEFT 1421**
*Dr.-Ing. H. Füllenbach, H. Lange, H. Parthey und I. N. Stanski, Forschungsgesellschaft Blechverarbeitung e.V., Düsseldorf*
Metallurgische und technologische Untersuchungen an Weichloten

**HEFT 1462**
*Prof. Dr.-Ing. Dr.-Ing. E. h. Otto Kienzle und Dr.-Ing. Helmut Zabel, Forschungsstelle Gesenkschmieden an der Technischen Hochschule Hannover*
Zerteilen metallischer Stangen durch Abscheren
*In Vorbereitung*

**HEFT 1486**
*Dr. rer. nat. Dietrich Horstmann, Max-Planck-Institut für Eisenforschung, Düsseldorf, im Auftrage des Gemeinschaftsausschusses Verzinken, Düsseldorf*
Der Einfluß des Blechwerkstoffes und der Verzinkungsbedingungen auf die Eigenschaften verzinkter Bleche und Bänder

**HEFT 1504**
*Direktor Dipl.-Ing. Hans Stüdemann, Dipl.-Ing. Rolf Both und Ingenieur Ernst Lauterjung, Forschungsinstitut an der Fachschule für Metallgestaltung und Metalltechnik, Solingen*
Entwicklung eines Prüfgerätes zur Messung des Schneidverhaltens feiner Messerschneiden, unter besonderer Berücksichtigung der Rasierklingen
*In Vorbereitung*

**HEFT 1534**
*Prof. Dr. phil. Adolf Rose, Max-Planck-Institut für Eisenforschung, Düsseldorf*
Schweißbarkeit und Umwandlungsverhalten der Stähle
*In Vorbereitung*

**HEFT 1564**
*Prof. Dr.-Ing. Alfred H. Henning†, Prof. Dr.-Ing. habil. Karl Krekeler und Dipl.-Ing. Friedrich Mittrop, Institut für Kunststoffverarbeitung in Industrie und Handwerk an der Rhein.-Westf. Technischen Hochschule Aachen, in Zusammenarbeit mit der Forschungsgesellschaft Blechverarbeitung e.V., Düsseldorf*
Entwicklung fertigungsgerechter Herstellungsmöglichkeiten von kombinierten Metallkleb-Schweißverbindungen
*In Vorbereitung*

Verzeichnisse der Forschungsberichte aus folgenden Gebieten können beim Verlag angefordert werden: Acetylen/Schweißtechnik – Arbeitswissenschaft – Bau/Steine/Erden – Bergbau – Biologie – Chemie – Eisenverarbeitende Industrie – Elektrotechnik/Optik – Energiewirtschaft – Fahrzeugbau/Gasmotoren – Farbe/Papier/Photographie – Fertigung – Funktechnik/Astronomie – Gaswirtschaft – Holzbearbeitung – Hüttenwesen/Werkstoffkunde – Kunststoffe – Luftfahrt/Flugwissenschaften – Luftreinhaltung – Maschinenbau – Mathematik – Medizin/Pharmakologie/NE-Metalle – Physik – Rationalisierung – Schall/Ultraschall – Schiffahrt – Textiltechnik/Faserforschung/Wäschereiforschung – Turbinen – Verkehr – Wirtschaftswissenschaft.

 Springer Fachmedien Wiesbaden GmbH

MIX
Papier aus verantwortungsvollen Quellen
Paper from responsible sources
FSC® C105338

If you have any concerns about our products,
you can contact us on
**ProductSafety@springernature.com**

In case Publisher is established outside the EU,
the EU authorized representative is:
**Springer Nature Customer Service Center GmbH
Europaplatz 3, 69115 Heidelberg, Germany**

Printed by Libri Plureos GmbH
in Hamburg, Germany